Lecture de cartes

Introduction à la lecture de cartes
Carte physique
1 Coupe transversale des Andes centrales 2
2 Symbolisme de la carte physique 2
3 Distances sur la carte 2
4 Orientation sur la carte 2

Introduction à la lecture de cartes
Composants de cartes économiques
5 Occupation du sol 3
6 Agriculture 3
7 Mines 3
8 Industrie 3
9 Énergie 3
10 Services 3
11 Infrastructure 3

Index 30–33

Luxembourg

Luxembourg **Carte physique** 4–5

Luxembourg **Géologie et géomorphologie**
1 Luxembourg **Géologie et roches** 6–7
2 Ères géologiques 6
3 Luxembourg **Géomorphologie, risques naturels et sols** . . . 7

Luxembourg **Administration / Densité de population** . . 8

Europe

Europe **Carte politique** 9

Le Luxembourg en Europe
Économie et transport 10

Union européenne
2 Structure économique 11
3 Puissance économique 11
4 Chômage 11
5 Évolution démographique 11

Europe **Carte physique**
1 Europe **Carte physique** 12–13
2 Europe **Paysages lors de la dernière période glaciaire (Würm/Weichselien, il y a 18 000 ans)** 13
3 Europe **Géotectonique** 13

Europe **Climat**
1 Températures en janvier 14
2 Températures en juillet 14
3 Précipitations annuelles 15
4 Le foehn (système de vent régional) 15
5 Début du printemps 15

La Terre

La Terre **Carte physique**
1 Carte physique 16–17
2 Structure interne de la Terre 16
3 Coupe schématique de la croûte terrestre 16–17

La Terre **Climat**
1 Les zones climatiques thermiques 18
2 Les climats extrêmes et agricoles 18–19
3 Les climats saisonniers et diurnes 19
4 Les climats de la Terre d'après A. Siegmund et P. Frankenberg (classification empirique) 18–19

La Terre **Pression atmosphérique, vents, précipitations**
1 Pression atmosphérique et vents en janvier 20
2 Pression atmosphérique et vents en juillet 21
3 Précipitations en janvier (hiver boréal / été austral) 20
4 Précipitations en juillet (été boréal / hiver austral) 20
5 Systèmes des vents (schématique) 21

La Terre **Végétation réelle et utilisation du sol**
1 Végétation réelle et utilisation du sol 22–23
2 Systèmes d'exploitation forestière 22
3 Zones agricoles 23

La Terre **Carte politique, population**
1 Carte politique 24–25
2 Évolution démographique 24
3 Espérance de vie 25

La Terre **Culture, migrations, niveau de développement, religions**
1 Taille des foyers et âge au mariage dans les aires de civilisation (d'après A. Kolb et J. Newig) 26
2 Migrations 26
3 Niveau de développement 27
4 Religions 27

La Terre **Mondialisation, économie**
1 Économie mondialisée 28–29
2 Commerce mondial de matières premières 28–29

1 Coupe transversale des Andes centrales

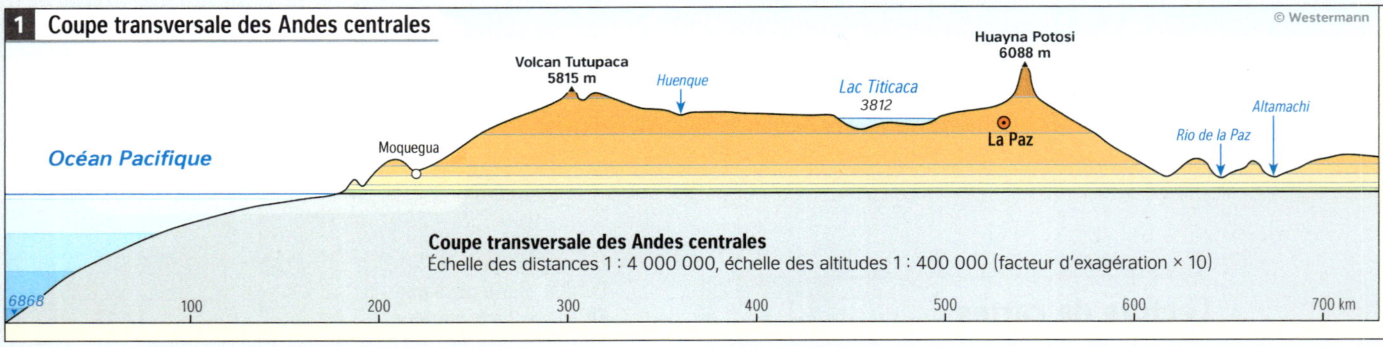

Coupe transversale des Andes centrales
Échelle des distances 1 : 4 000 000, échelle des altitudes 1 : 400 000 (facteur d'exagération × 10)

Altitudes	Au-dessus de 5000
	3000 – 5000
	1500 – 3000
	1000 – 1500
	500 – 1000
	200 – 500
	100 – 200 (en mètres)
	0 – 100
Profondeurs marines	0 – 200
	200 – 2000
	2000 – 4000
	4000 – 6000
	Au-dessous de 6000

2 Symbolisme de la carte physique

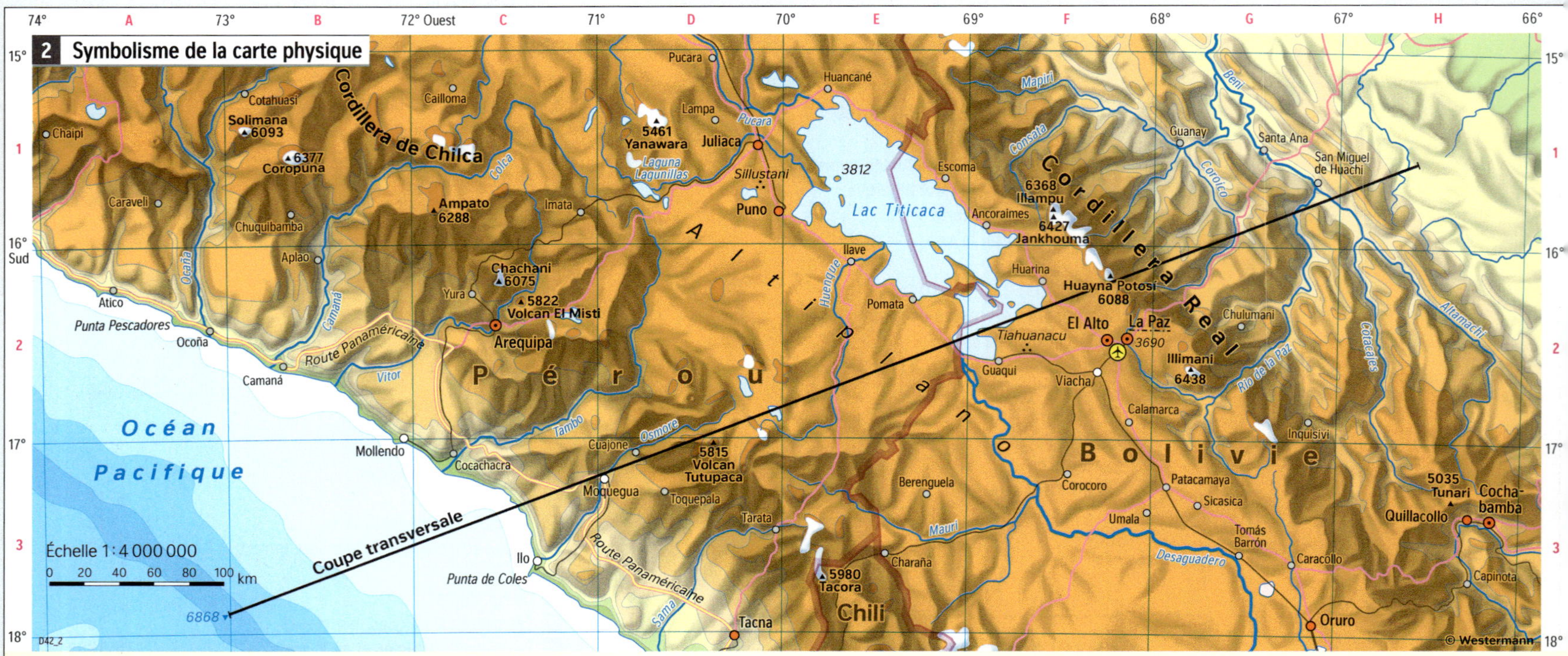

Relief, formes de la surface terrestre	
5980	Altitude du sommet (en mètres)
3812	Autre point d'altitude (en mètres)
6868	Profondeur de la mer (en mètres)
	Glacier
	Dépression
	Estran
	Récif corallien

Cours d'eau et surfaces aquatiques
- Rivière avec chute d'eau
- Rivière intermittente
- Canal
- Lac; lac salé
- Lac de barrage, barrage
- Marais, marécage
- Oued, rivière sèche
- Saline, lac salé

Transport
- Liaison ferroviaire à grande distance
- Autre liaison ferroviaire importante
- Tunnel
- Ferry
- Autoroute
- Route principale
- Voie d'eau importante
- Col

Localités (habitants)

Plus de	5 000 000
1 000 000 –	5 000 000
500 000 –	1 000 000
100 000 –	500 000
20 000 –	100 000
Moins de	20 000
Espace urbanisé	

Administration
- Frontière d'État
- Limite administrative
- Limite non établie
- Sucre — Capitale
- La Paz — Siège du gouvernement
- Aéroport international

Monuments naturels et culturels
- Château, château fort
- Église, monastère
- Grotte, caverne
- Ruine
- Oasis
- Parc national

Ces figurés sont souvent utilisés dans les cartes physiques (elles ne sont pas toutes incluses dans l'exemple ci-dessus).

3 Distances sur la carte

La carte montre la réalité de façon réduite. L'échelle indique le taux de réduction d'une distance sur la carte par rapport à la distance réelle :
Une échelle de 1 : 100 000 signifie qu'1 cm sur la carte équivaut à (≙) 100 000 cm (1 km) sur le terrain.
Exemple : Mesurer la distance entre Arequipa et La Paz sur la carte en haut ➡ 2 **2** (à l'aide de l'équerre) = 9 cm; lire l'échelle = 1 : 4 000 000. Calcul :
9 cm sur la carte ≙ 4 000 000 · 9 cm = 36 000 000 cm (360 km) sur le terrain.
Échelle linéaire (comparaison d'échelles fréquemment utilisées)

Échelle	Graduations	
Échelle 1 : 1 500 000	0 – 50	km
Échelle 1 : 4 000 000	0 – 50 – 100 – 150	km
Échelle 1 : 6 000 000	0 – 50 – 100 – 150 – 200	km
Échelle 1 : 16 000 000	0 – 50 – 100 – 200 – 300 – 400 – 500 – 600	km

Attention : En raison de la projection du globe sur une surface plane, des erreurs de mesure peuvent intervenir, en particulier à de petites échelles cartographiques.

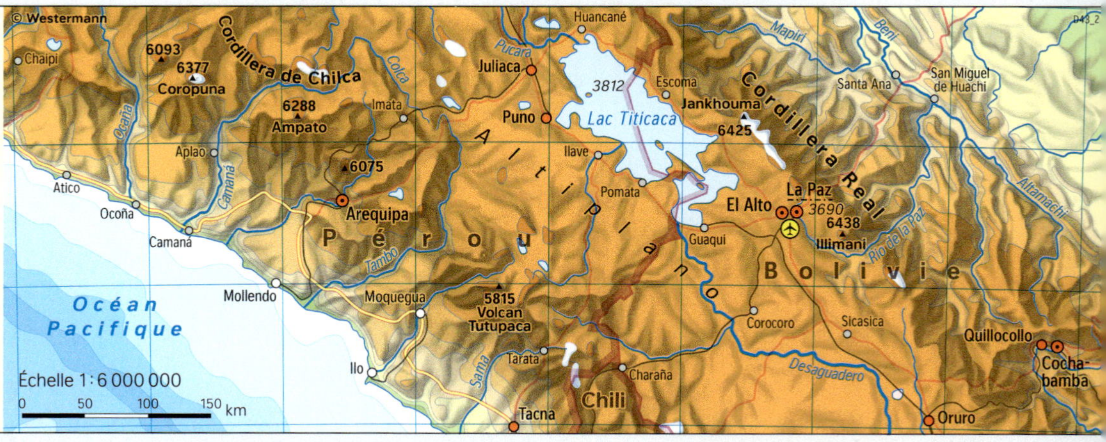

4 Orientation sur la carte

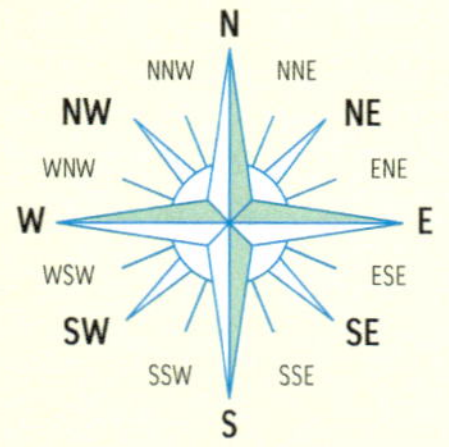

1. Indication de directions
En général, toutes les cartes sont orientées vers le Nord.
Les exceptions sont indiquées par une flèche pointée vers le Nord.

Indiquer les directions à l'aide de la rose des vents (à gauche).

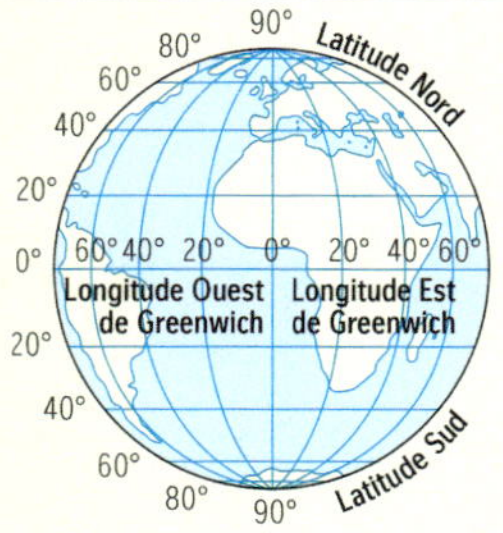

2. Localisation
La localisation de chaque point de la surface terrestre est définie exactement par ses coordonnées géographiques (latitude et longitude).
Exemple : La Paz 16°30' Sud, 68°09' Ouest.
Sur les cartes de l'atlas, on trouve ces coordonnées géographiques dans le cadre ou sur le pourtour de la carte.

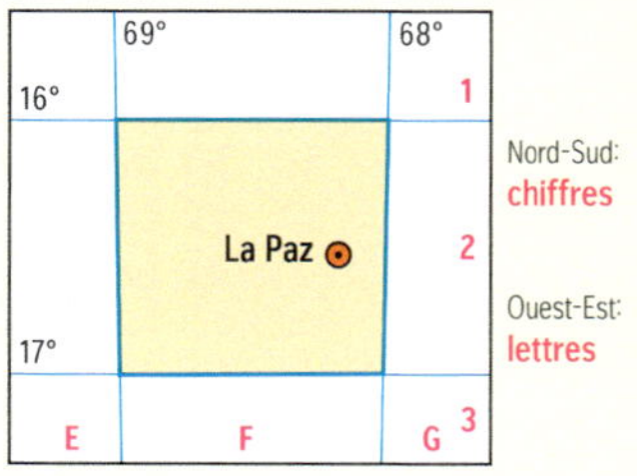

3. Chercher des noms de lieux
Chercher le nom du lieu désiré à l'aide de l'index alphabétique.
Le lieu peut être trouvé à partir des numéros de page et de grille.
La grille est constituée par le réseau des parallèles et méridiens. Exemple :
La Paz **2.2**, F 2
Page **2**, Carte **2**,
Grille F 2

Paysages

5 Occupation du sol

D40a

- Région d'inlandsis et de glaciers
- Toundra
- Toundra de forêt
- Taïga (épicéa et pin)
- Taïga (mélèze)
- Lande
- Forêt de feuillus et forêt mixte
- Forêt de conifères de montagne, forêt de conifères subtropicale
- Végétation sclérophylle
- Forêt secondaire et d'arbustes
- Prairie/pâturage
- Steppe
- Steppe de plateau
- Formations d'arbrisseaux (xéromorphe)
- Semi-désert
- Désert
- dont désert de sable
- dont désert de gravier
- dont désert de roches et détritus
- Savane avec arbrisseaux épineux et plantes succulentes
- Savane sèche
- Savane humide
- Savane avec arbres et arbrisseaux
- Forêt tropicale humide
- Marais, marécage
- Forêt sèche
- Région rocheuse
- Mangrove
- Dunes
- Espace urbanisé
- Zone industrielle, zone commerciale

La végétation naturelle est utilisée de façon extensive comme forêt ou pâturage.

Secteur primaire

6 Agriculture

D40b

Les couleurs des surfaces indiquent les principaux types d'utilisation. Les figurés ponctuels indiquent les principales cultures et leur pondération régionale.

Utilisation du sol (terres cultivées)
- Agriculture sur des sols de qualité inférieure
- Agriculture sur des sols de bonne qualité
- Zone d'irrigation
- Économie de plantations
- Prairies, pâturages

Les remarques supplémentaires expliquent les conditions particulières de l'agriculture dans les différentes zones climatiques.

Cultures des céréales
- Blé
- Maïs
- Riz
- Millet

Plantes à sucre, amidon
- Canne à sucre
- Betteraves sucrières
- Pommes de terre

Sur les cartes à grande échelle, les symboles sont en partie plus fortement différenciés.

Cultures particulières, fruits exotiques
- Bananes
- Ananas
- Palmier-dattier
- Agrumes
- Fruits, légumes
- Houblon
- Noisettes — Cultures d'une grande importance régionale mais peu répandues au niveau mondial

Cultures spécialisées
- Café
- Cacao
- Tabac
- Thé
- Vin

Matières premières

Plantes oléagineuses
- Arachides, cacahuètes
- Cocotiers
- Olives
- Palmiers à huile
- Soja
- Tournesol

Plantes à fibres textiles
- Coton
- Lin
- Jute
- Sisal

Autres matières premières
- Caoutchouc
- Chêne-liège
- Mûriers

Les produits agricoles ne sont pas quantifiés.

Élevage
- Porcins
- Bovins
- Moutons
- Chèvres
- Chameaux
- Buffles
- Volailles

7 Mines

D40c

Le symbole représentatif de l'exploitation minière de ressources minéralogiques est un losange ◇.
Les couleurs classent les produits miniers en catégories principales.
Une structure géométrique à l'intérieur du symbole caractérise la ressource minérale spécifique.

Selon l'importance pour le pays et à l'échelle mondiale, les symboles de mines sont classés en 3 tailles : ◇◇◇.

Ressources minérales

Minerais métalliques

Métaux lourds

Métaux pour alliage
- Fer
- Chrome
- Cobalt
- Manganèse
- Molybdène
- Nickel
- Niobium, tantale
- Vanadium
- Tungstène

Autres métaux non ferreux
- Antimoine
- Plomb, zinc
- Cuivre
- Étain
- Mercure

Métaux précieux
- Or
- Argent
- Platine

Métaux des terres rares
- Terres rares (lanthane, yttrium, néodyme, scandium)

Ressource énergétique
- Uranium

Métaux légers
- Bauxite (matière première servant à la production d'aluminium et de gallium)
- Lithium
- Magnésite (matière première pour l'extraction du magnésium)
- Titane

Autres minéraux

Sels minéraux
- Phosphate
- Potasse
- Salpêtre
- Sel de potassium
- Sel gemme
- Sel (indifférencié)

Roches et autres minéraux
- Diamants
- Pierres précieuses
- Graphite
- Gravier, sable
- Kaolin
- Amiante
- Soufre

Ressources fossiles (ressources énergétiques, matières premières pour l'industrie chimique)
- Houille
- Lignite
- Pétrole
- Gaz naturel

Secteur secondaire

8 Industrie

D40d

Le symbole représentatif est un cercle ○, quelques industries ont des symboles particuliers.
Les couleurs caractérisent les secteurs industriels.
La structure intérieure du symbole, qui utilise des éléments graphiques facilement reconnaissables, renvoie au secteur de production.

Les symboles sont classés en 2 catégories, selon l'importance du site pour le pays et à l'échelle mondiale : ○○.
Les sites bien connectés au niveau international (centres de contrôle de l'industrie manufacturière, par ex. siège social, recherche et développement) sont mis en évidence par des cadres blancs ◎.

- Production de métal
  - Production de fer et d'acier
    - Production d'acier
  - Fonderie de métaux non ferreux
  - Fonderie d'aluminium
- Industrie métallurgique
  - Laminoir, fonderie
    - Construction d'acier
  - Articles de fer, tôle, métal
- Construction de machines, de véhicules et d'appareils
  - Construction de machines
  - Construction navale
  - Construction automobile
  - Construction ferroviaire
  - Techniques aérospatiales
  - Fusées et engins spatiaux
- Industrie électronique
  - Électrotechnique, TI (technologies de l'information)
- Mécanique de précision
  - Mécanique de précision
  - Horloges
  - Optique, photonique (laser)
- Matériaux de construction, industrie du verre, de la céramique, de la porcelaine
  - Matériaux de construction
  - Ciment
  - Verre
  - Céramique
  - Porcelaine
- Industrie chimique
  - Chimie, plastiques
  - Biotechnologie, pharmacie
  - Caoutchouc
  - Raffinerie de pétrole (2 tailles, selon capacité)
  - Industrie nucléaire
- Cuir, textile, habillement
  - Cuir
    - Articles de cuir
    - Chaussures
  - Textile, vêtements
    - Textile
    - Vêtements
- Jouets et articles de bijouterie
  - Jouets
  - Instruments de musique
  - Articles de bijouterie
- Bois, papier, imprimerie
  - Bois, meubles
    - Usinage de bois
    - Meubles
  - Cellulose, papier
    - Cellulose
    - Papier
  - Imprimerie
- Industrie agroalimentaire
  - Transformation de poisson
  - Produits carnés
  - Fabrication de boissons
  - Transformation du lait
  - Produits de tabac
  - Sucrerie

Sur les cartes à plus grande échelle, les figurés sont différenciés davantage. Ils sont alors décalés.

9 Énergie

Pour les centrales électriques, la taille des symboles est proportionnelle à leur capacité de produire de l'électricité en MW.

Production d'énergie
- Centrale hydroélectrique (centrale électrique au fil de l'eau, centrale de stockage ou centrale de pompage)
- Centrale thermique (charbon, pétrole, gaz)
- Centrale nucléaire
- Centrale d'énergie solaire (photovoltaïque)
- Centrale géothermique
- Centrale électrique à biomasse
- Centrale éolienne

Les symboles les plus petits représentent en général une capacité inférieure à 1 000 MW.

- Grand parc éolien

D40e

Secteur tertiaire

10 Services

D40f

Le symbole représentatif est un hexagone ⬡.
Sur les cartes à petite échelle, les centres de services sont présentés selon leur importance (rayonnement sur leur périphérie) en trois niveaux :

Les cartes à échelle plus grande présentent les centres de services selon leur spécialisation :
On a pris en compte uniquement les services typiques du lieu, en comparaison avec d'autres villes (profil des services).

Sur les cartes économiques, les principaux centres sont classés selon leur nombre d'habitants :
- Plus de 1 000 000 habitants
- 100 000 à 1 000 000 habitants
- Moins de 100 000 habitants

Centres de services (échelle 1 : 16 000 000 et plus petite)
- avec une importance internationale (métropoles avec une très importante offre de services)
- avec une importance suprarégionale (grandes villes avec une importante offre de services)
- avec une importance régionale (villes avec une importante offre pour leur périphérie)
- Lieu ou région touristique d'importance internationale

Services (échelle 1 : 6 000 000 et plus grande)
- Administration, approvisionnement (répartition vaste et homogène, donc uniquement sur les cartes de détail)
  - Gouvernement, administration publique, justice
  - Approvisionnement, traitement des déchets
  - Hôpital, hospice, maison de retraite
- Éducation, médias
  - Université, école supérieure, recherche
  - Médias (télévision, presse, radio)
  - Culture (théâtre, opéra, musée)
- Finance, commerce
  - Centre de finances
  - Entreprise commerciale
  - Service, consultation (services près de l'entreprise)
  - Foire
- Transport, logistique (transbordement de marchandises, voyage)
  - Aéroport
  - Port
  - Logistique (dépôt, entreprise de transport)
  - Base militaire

11 Infrastructure

Le transport terrestre de personnes, de biens et de marchandises entre les centres urbanisés utilise ces voies de communication :

Circulation et transport
- Chemin de fer
- Autoroute
- Route principale
- Voie d'eau (rivière, canal)
- Acheminement d'eau sur de longues distances
- Oléoduc avec terminal
- Gazoduc

D40g

Échelle 1 : 225 000 — 0 2 4 6 8 10 km

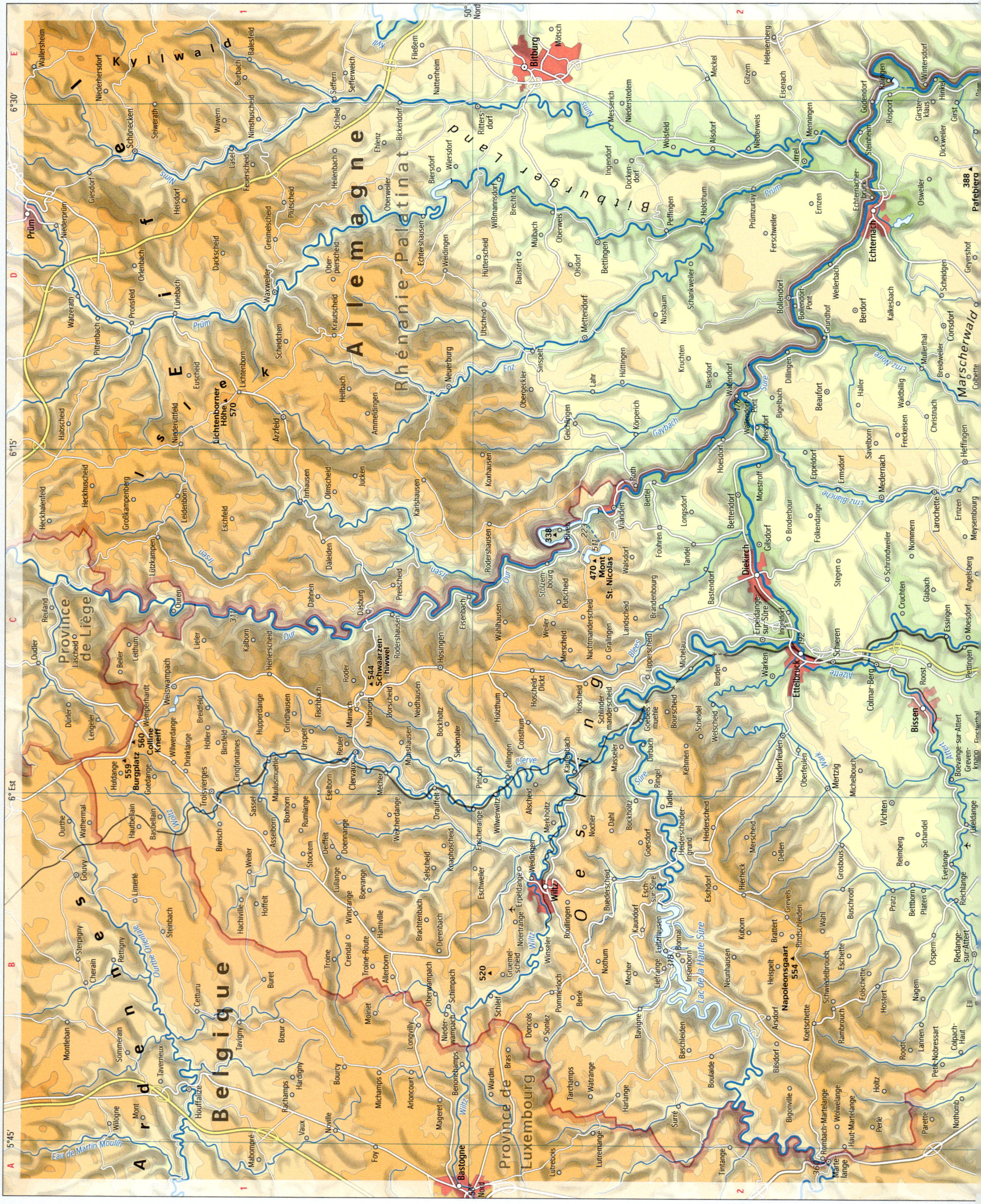

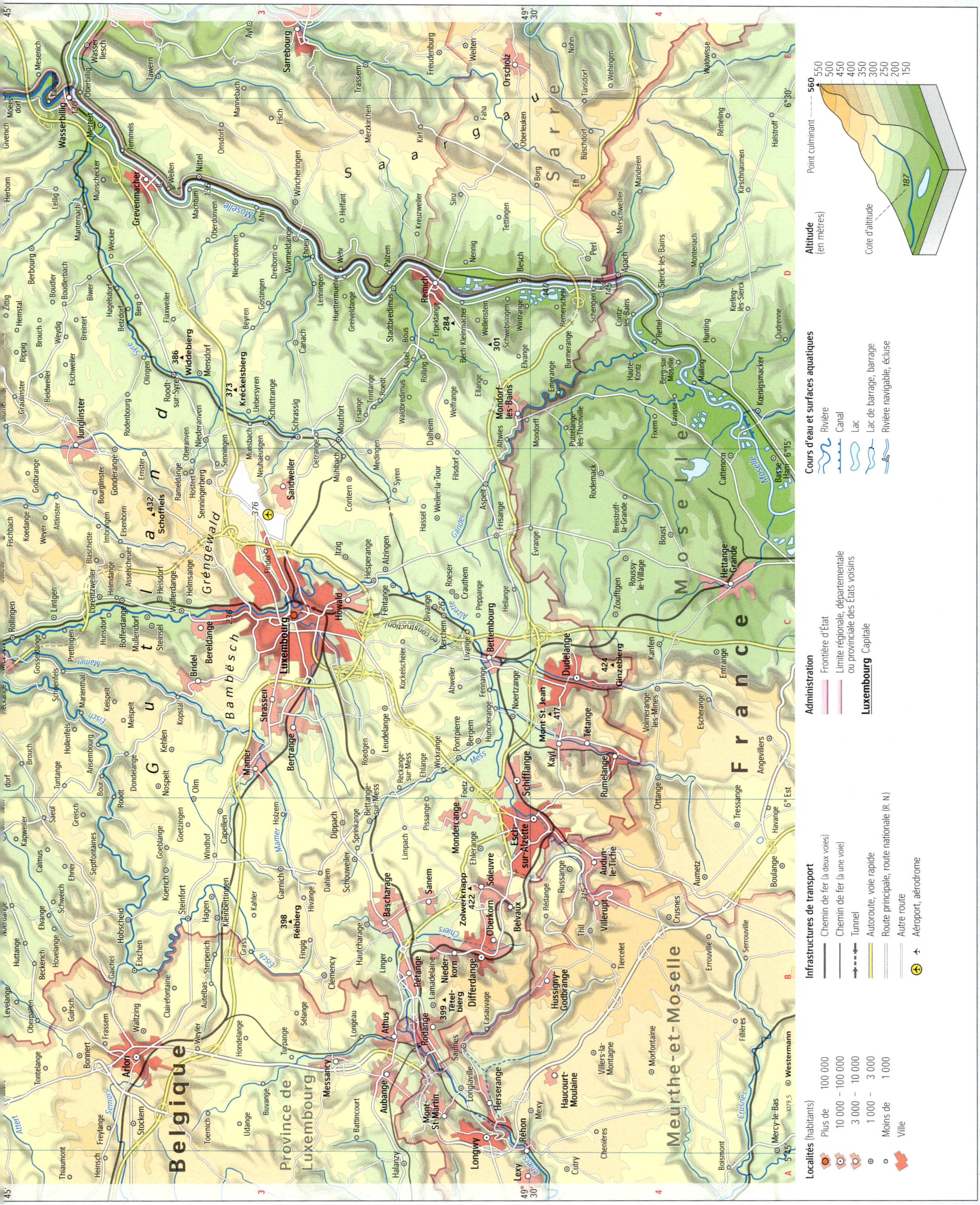

Belgique
France
Province de Luxembourg
Meurthe-et-Moselle
Moselle
Gutland
Saargau
Sarre
Luxembourg
Gréngewald
Bambësch
Localités (habitants)
Plus de 100 000
10 000 - 100 000
3 000 - 10 000
1 000 - 3 000
Moins de 1 000
Ville
Infrastructures de transport
Chemin de fer (à deux voies)
Chemin de fer (à une voie)
Tunnel
Autoroute, voie rapide
Route principale, route nationale (R. N)
Autre route
Aéroport, aérodrome
Administration
Frontière d'État
Limite régionale, départementale ou provinciale des États voisins
Luxembourg Capitale
Cours d'eau et surfaces aquatiques
Rivière
Canal
Lac
Lac de barrage, barrage
Rivière navigable, écluse
Altitude (en mètres)
Point culminant 560
Cote d'altitude
187
550
500
450
400
350
300
250
200
150
© Westermann

Géologie et géomorphologie

Échelle 1 : 350 000

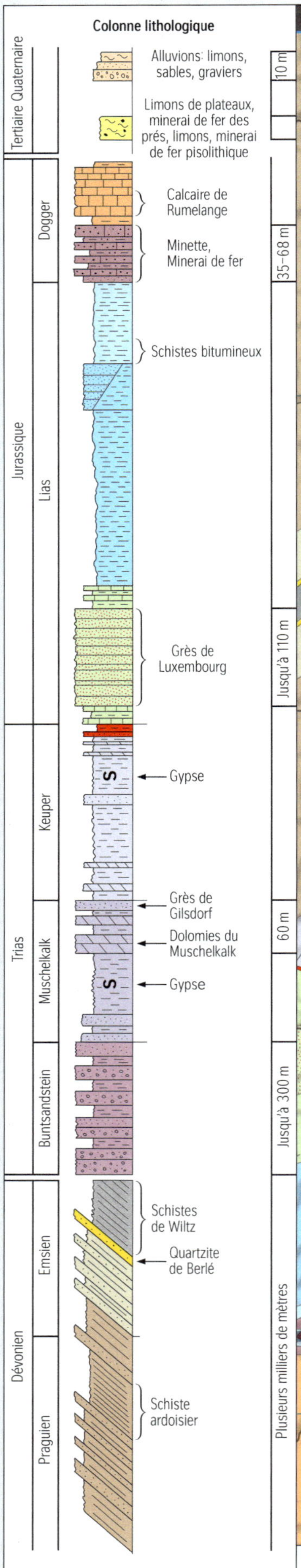

1 Luxembourg Géologie et roches

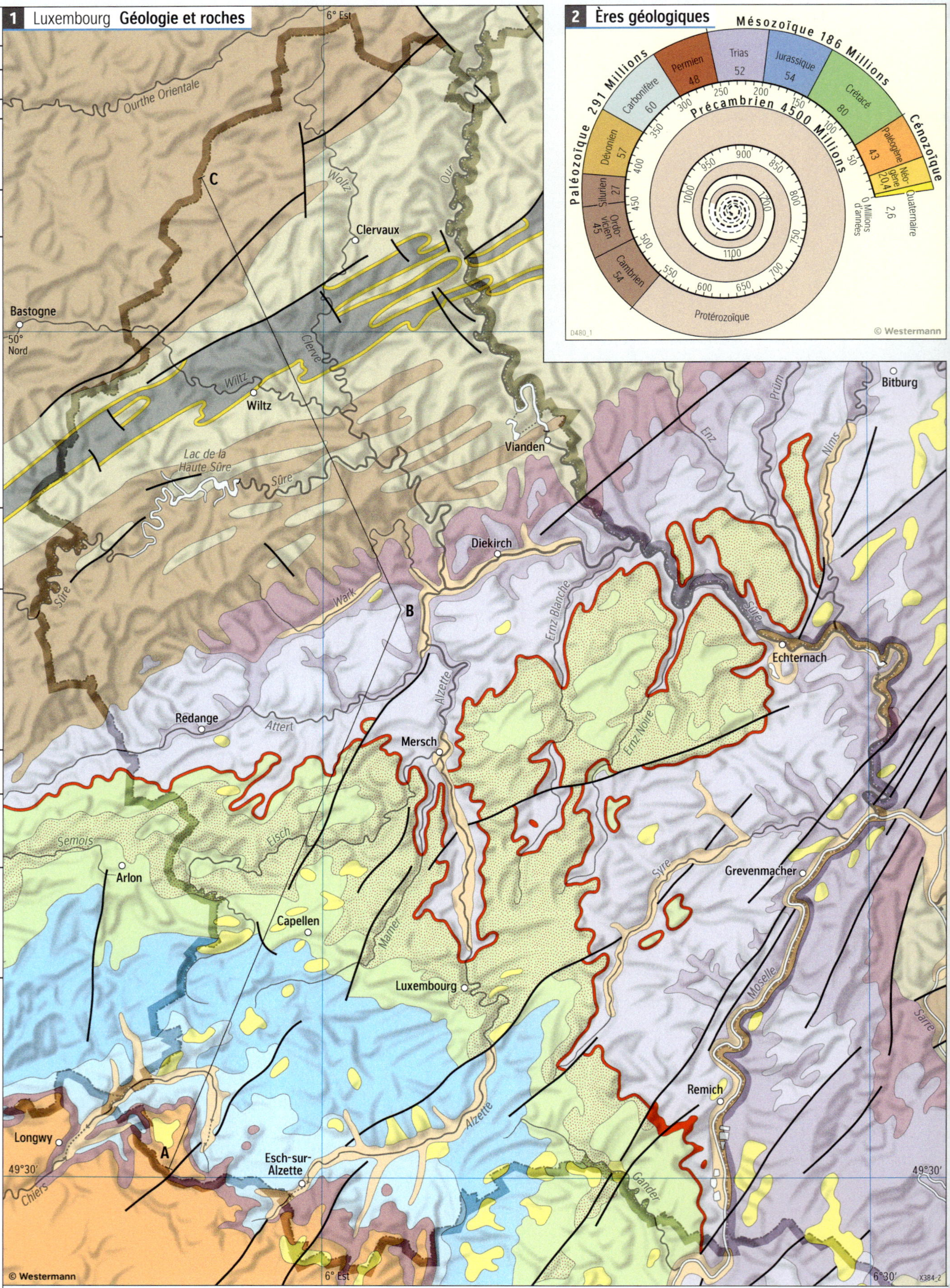

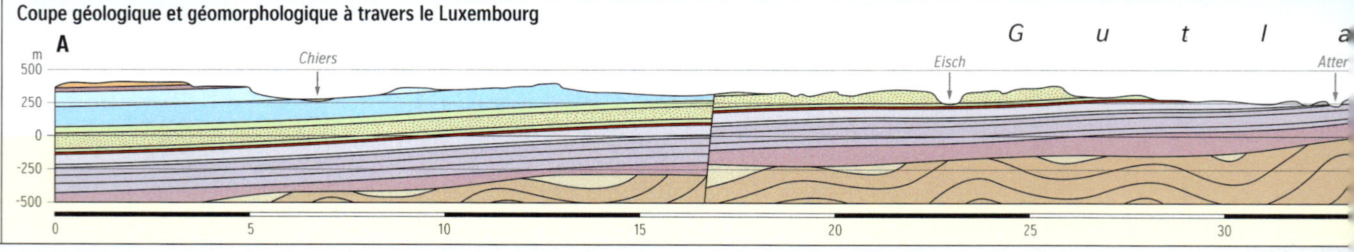

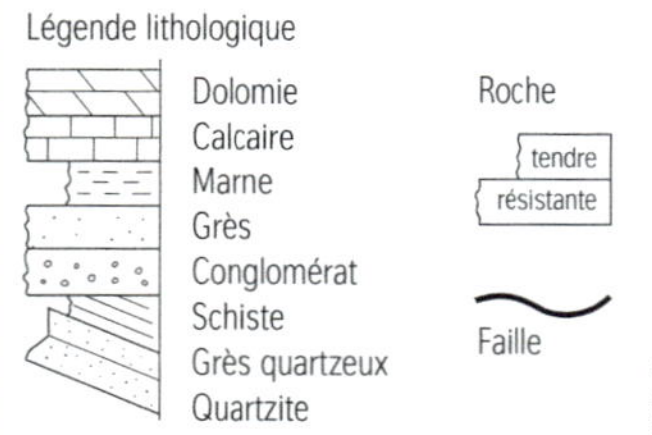

3 Luxembourg **Géomorphologie, risques naturels et sols**

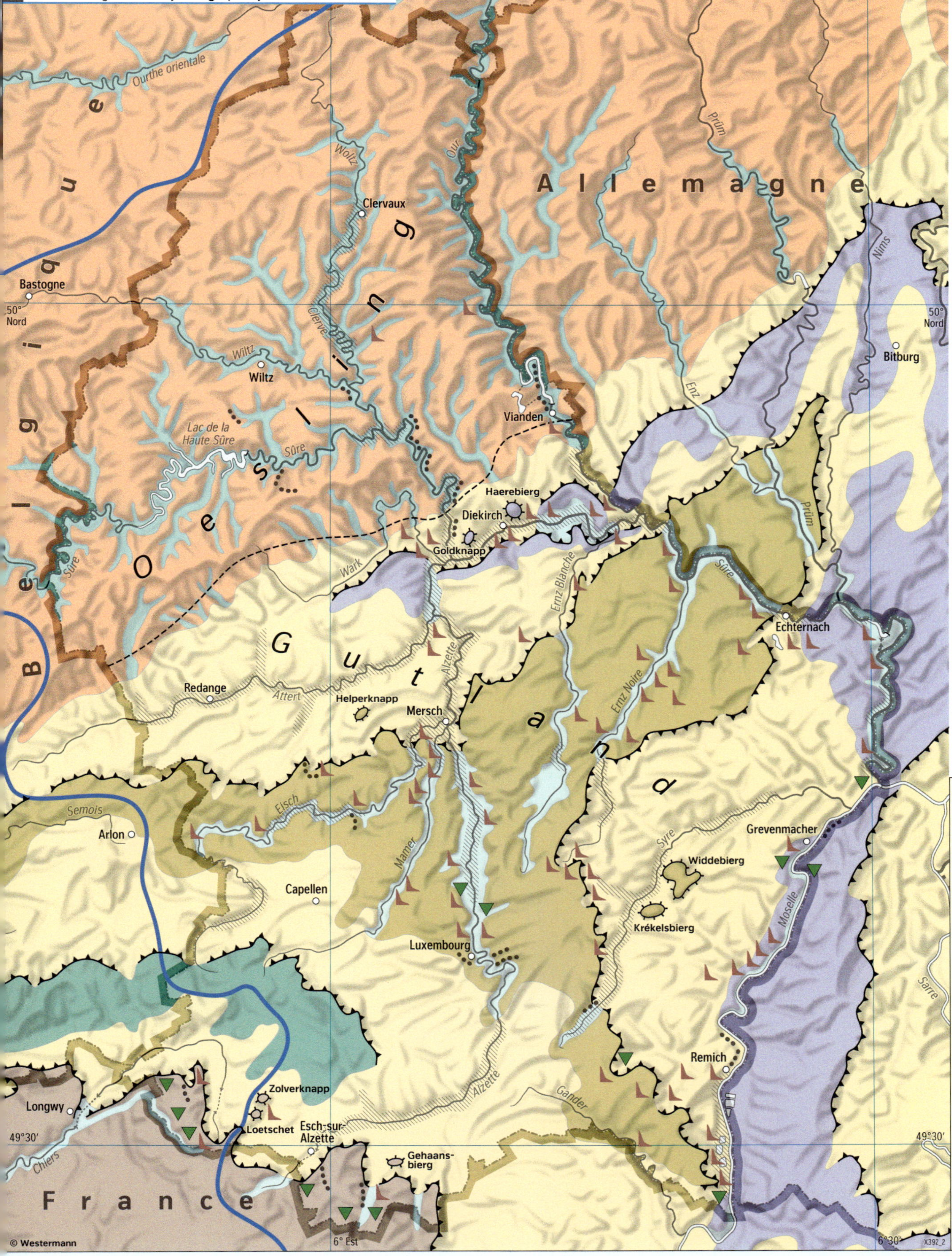

Forme des paysages (morphologie)

- Plateau avec vallées encaissées
- Côtes du calcaire coquillier (calcaire)
- Côtes du Lias inférieur (Grès de Luxembourg)
- Côtes du Lias moyens (grès)
- Côtes du Dogger (calcaire)
- Butte-témoin
- Basses terres et collines en roche tendre
- Vallées étroites creusées dans les strates
- Ligne de partage des eaux entre les bassins versants de la Meuse et du Rhin

Sols typiques de ces paysages naturels

- Sols bruns limoneux-caillouteux en ardoise
- Sols bruns argilo-caillouteux en dolomite
- Sols bruns lessivés argileux, moyennement gleyifiés
- Sols bruns lessivés argileux, légèrement gleyifiés
- Sols bruns argilo-caillouteux en calcaire
- Sols bruns argileux en marne, non gleyifiés

Risques naturels

- Glissement de terrain
- Chute de pierres
- Affaissement
- Inondation
- Limite paysagère Oesling-Gutland

Source: Service géologique de l'État

Échelle 1 : 350 000 (0 – 4 – 8 – 12 km)

Terre et mer en Europe occidentale

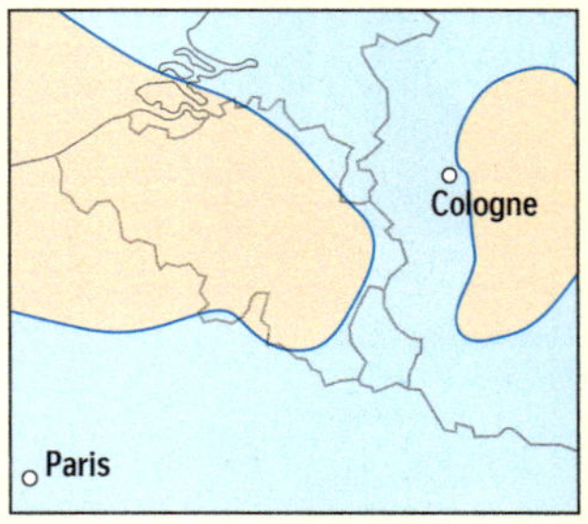

Il y a 205 millions d'années (Lias)

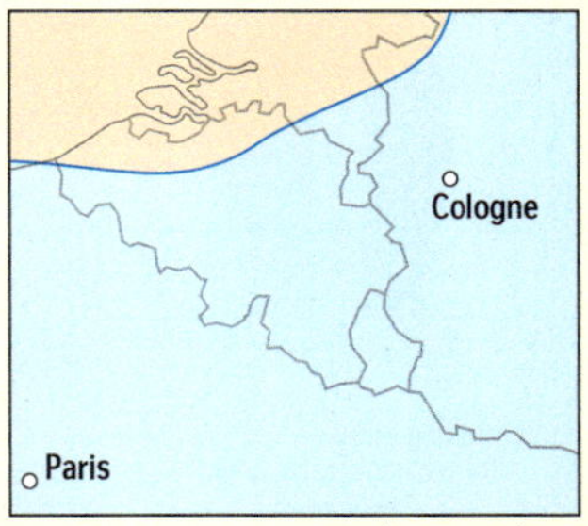

Il y a 400 millions d'années (Dévonien)

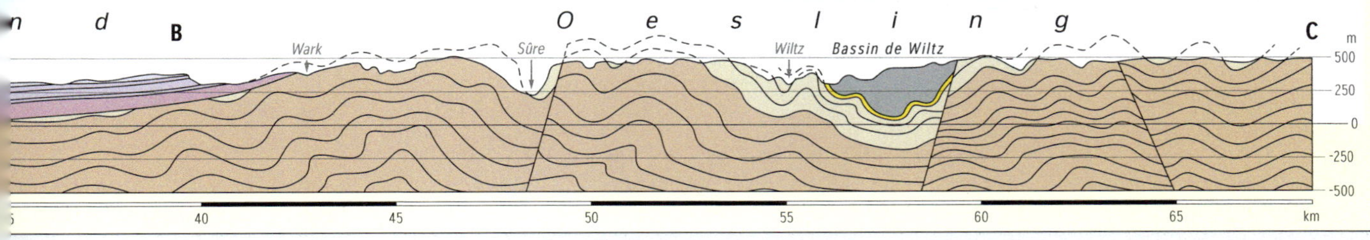

- Socle dévonien : Massif schisteux rhénan
- Couverture sédimentaire mésozoïque
- Faille avec décrochage vertical
- Paysage de cuestas dans la couverture

Administration / Densité de population

Administration
Luxembourg Capitale d'un État
○ **Mersch** Chef-lieu cantonal
Steinsel Commune

Frontières
Frontière d'État
Frontière régionale, départementale ou provinciale des États voisins
Limite cantonale
Limite communale

Densité de population
(habitants par km²)
Plus de 500
200 – 500
100 – 200
50 – 100
moins de 50 habitants/km²

Échelle 1 : 350 000
0 2 4 6 8 10 km

Pyramides des âges

Luxembourg 1900
236 000 habitants

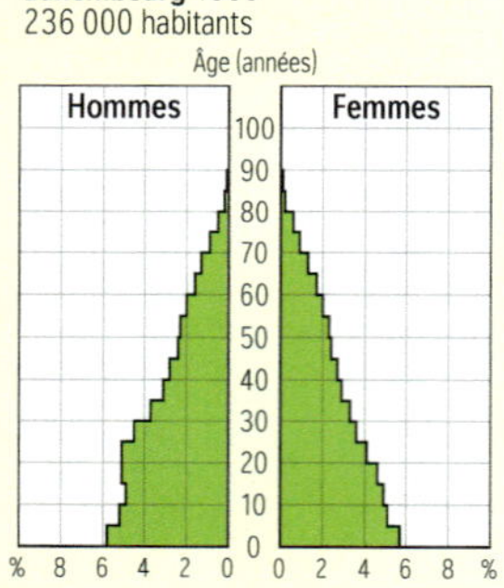

Luxembourg 2020
625 000 habitants

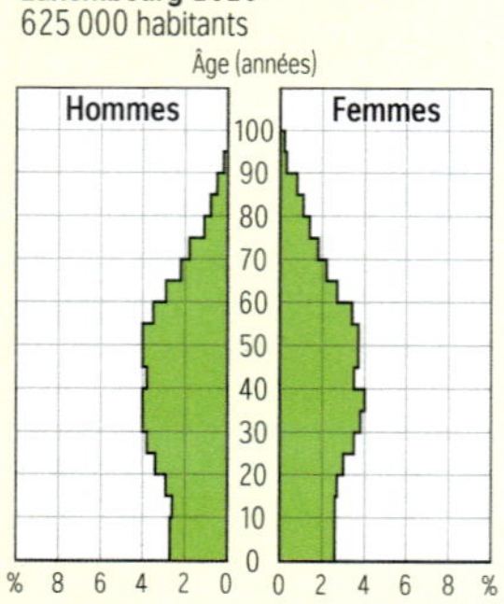

Luxembourg 2050
790 000 habitants (estimation)

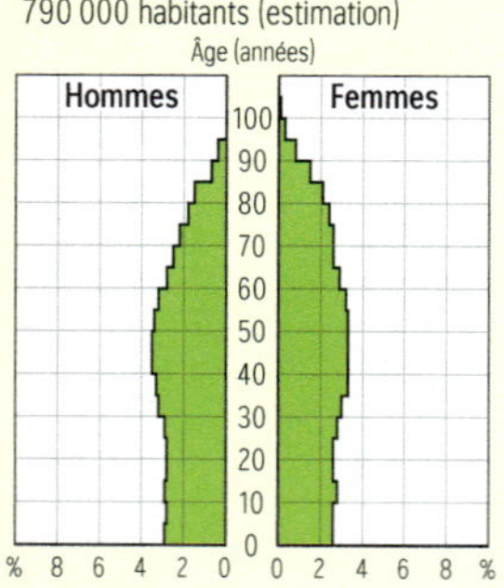

2

Administration

- Frontière d'État
- Frontière contestée
- Capitale
- Siège du gouvernement

Abréviations

- **Li.** = Liechtenstein
- **P.** = Priština
- [R.-U.] = Royaume-Uni

*La péninsule de Crimée appartient à l'Ukraine en vertu du droit international, mais est actuellement contrôlée par la Russie.

Territoire palestinien: bande de Gaza, Cisjordanie, Jérusalem-Est

Frontières contestées: exemple Chypre

1960 : Indépendance de Chypre du Royaume-Uni

1964 : Fin de la guerre civile entre Chypriotes d'origine grecque et turque par la mission de maintien de la paix de l'ONU

1974 : Coup d'État militaire pro-grec et occupation turque de la partie nord de Chypre; division de l'île, exil et mouvements de population

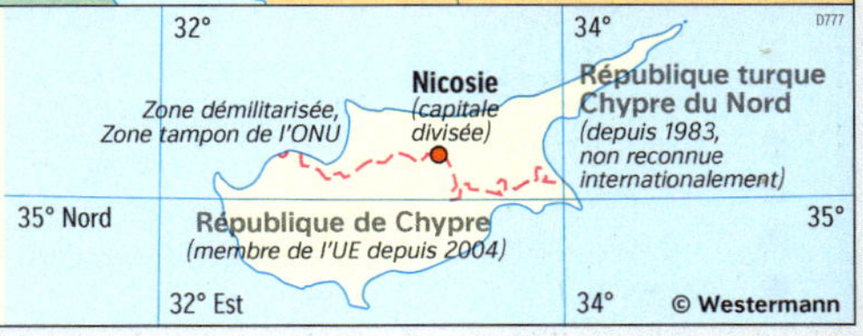

Économie et transport

Échelle 1:1 500 000 — 0 20 40 60 km

2 Structure économique

Typologie économique (% de la population active par secteur économique, 2018)

Agriculture (primaire)
- Forte surreprésentation de l'agriculture (**19**-27-54)
- Légère surreprésentation de l'agriculture (**7**-23-70)

Industrie (secondaire)
- Forte surreprésentation de l'industrie (3-**37**-60)
- Légère surreprésentation de l'industrie (3-**29**-68)

Services (tertiaire)
- Forte surreprésentation des services (1-14-**85**)
- Légère surreprésentation des services (2-21-**77**)

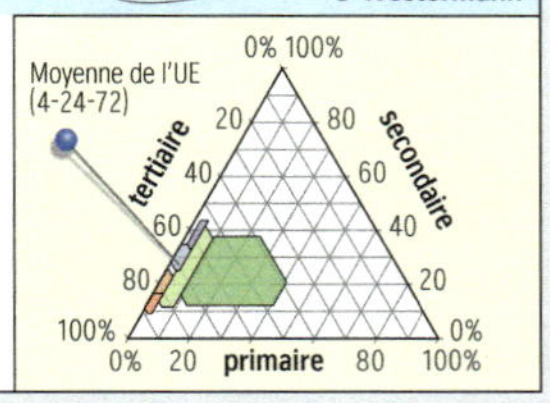

3 Puissance économique

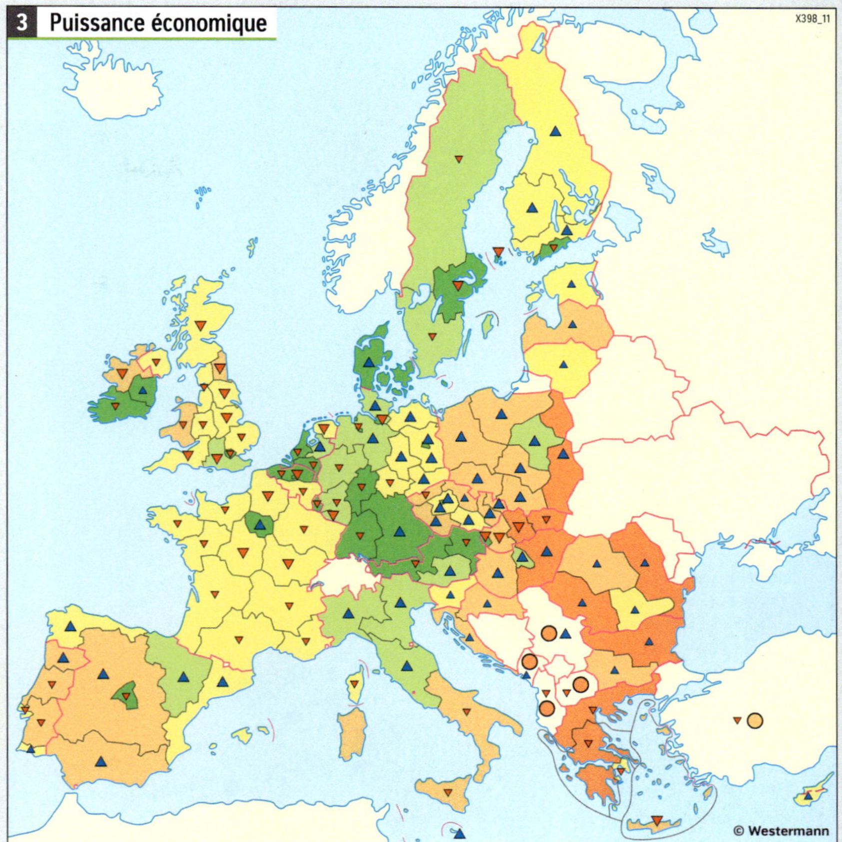

Le produit intérieur brut
PIB (à parité de pouvoir d'achat) par habitant en 2018, en euros

8 900 | 18 000 | 24 000 | 30 400 | 36 000 | 79 300 €
└ Moyenne de l'UE

○ Candidat d'adhésion à l'UE

Variations du produit intérieur brut (en %, de 2015 à 2018)
- ▼ −14,8 à 0,0
- ▾ 0,0 à 4,3
- ▴ 4,3 à 10,0
- ▲ 10,0 à 27,2

└ Moyenne de l'UE

La parité de pouvoir d'achat compense les inégalités au niveau des prix entre les régions de l'UE.

4 Chômage

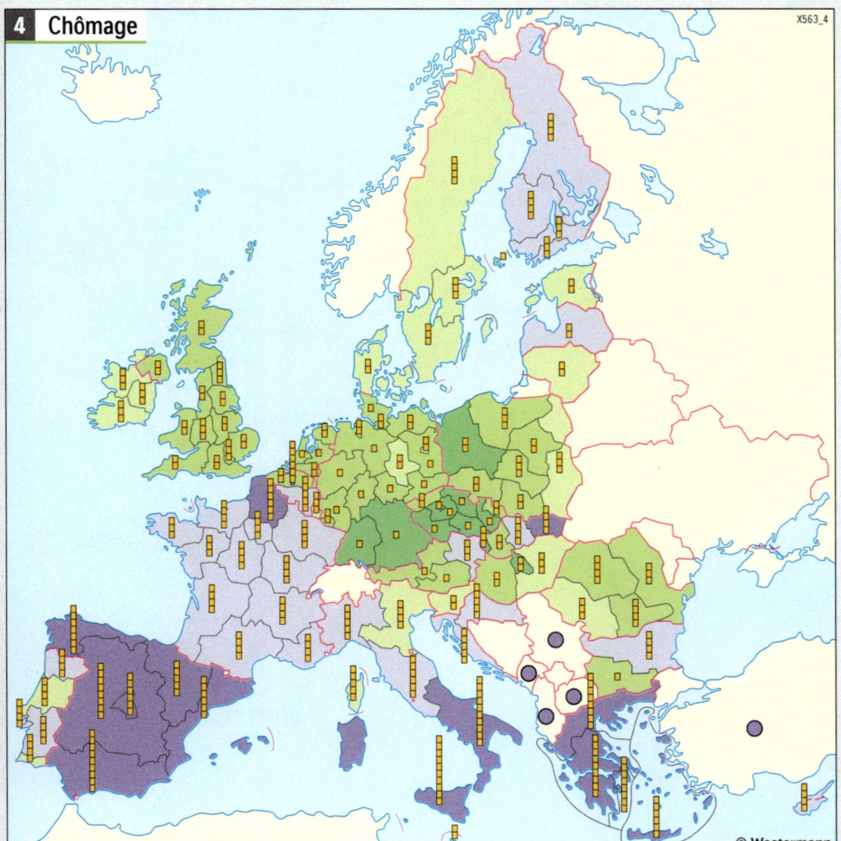

Taux de chômage (en %, 2018)

1,3 | 3,0 | 5,0 | 6,8 | 10,0 | 22,1 %
└ (Moyenne de l'UE)

○ Candidat d'adhésion à l'UE

Chômage des jeunes (15–24 ans, 2018)
1 mm de hauteur de colonne (1 case) ≙ 5% (Moyenne de l'UE = 15,2%)

Frontières
- Frontière d'État
- Frontière des régions de l'UE (en Allemagne: frontière des Länder)

5 Évolution démographique

Taux d'accroissement naturel (en ‰, 2018)
- 3,0 à 10,2
- 0,6 à 3,0
- −0,6 à 0,6
- −3,0 à −0,6 ┐ (Moyenne de l'UE)
- −8,1 à −3,0

Taux d'accroissement migratoire (en ‰, 2018)
- ■ 10,0 à 36,0
- ⊟ 5,0 à 10,0
- □ 2,8 à 5,0 └ (Moyenne de l'UE)
- ⦶ 0,0 à 2,8
- ● −5,3 à 0,0

Frontières
- Frontière d'État
- Frontière des régions de l'UE

○ Candidat d'adhésion à l'UE

Carte physique

Échelle 1 : 16 000 000 — 0 200 400 600 km

Projection azimutale équivalente de Lambert. Point de tangence : 50° Nord, 20° Est

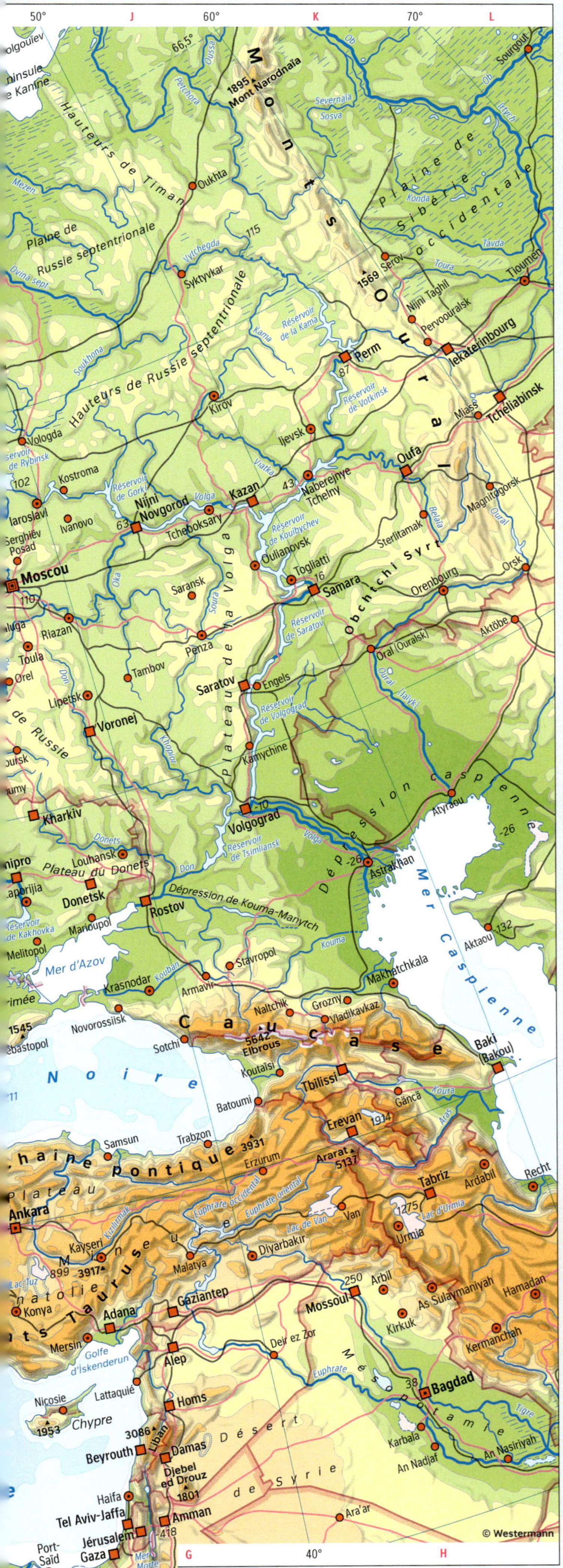

2 Europe Paysages lors de la dernière période glaciaire (Würm/Weichselien, il y a 18 000 ans)

Glaciation	**Structure du continent**	**Végétation**	**Sites de l'Âge de la pierre**
Glaciation, Inlandsis	Loess	Toundra	Homme ancien, par ex. Néandertalien (> 200 000 à 30 000 ans AP)
Extension max. de l'inlandsis au Pléistocène	Tracé de la côte il y a 18 000 ans	Forêt boréale de conifères	Homme Cro-Magnon et Homme moderne (depuis 40 000 ans)
Extension actuelle des glaces	Mer douce de l'époque glaciaire	Forêt de feuillus et forêt mixte	Os et ustensiles
	–50 m– Isoplèthes du relèvement isostatique depuis la dernière glaciation	Steppe et steppe arborée	Arts rupestre et pariétal
		Semi-désert	

Échelle 1 : 40 000 000

3 Europe Géotectonique

Bouclier précambrien (Craton)	**Europe mésozoïque**		
Précambrien ancien	Chaîne varisque	Zone volcanique de la dorsale médio-atlantique	Séisme grave (depuis 1900)
Précambrien récent	Superpositions sédimentaires mésozoïco-cénozoïques	Rift (Graben)	Volcan actif
Europe paléozoïque	**Europe cénozoïque**	Plissement	Sources chaudes (Geysers)
Chaîne calédonienne	Chaînes alpines		
Sédimentation mésozoïque	Massifs anciens		
Bouclier paléozoïque	Espaces de subsidence cénozoïque		

Échelle 1 : 40 000 000

D29

Diagrammes ombrothermiques

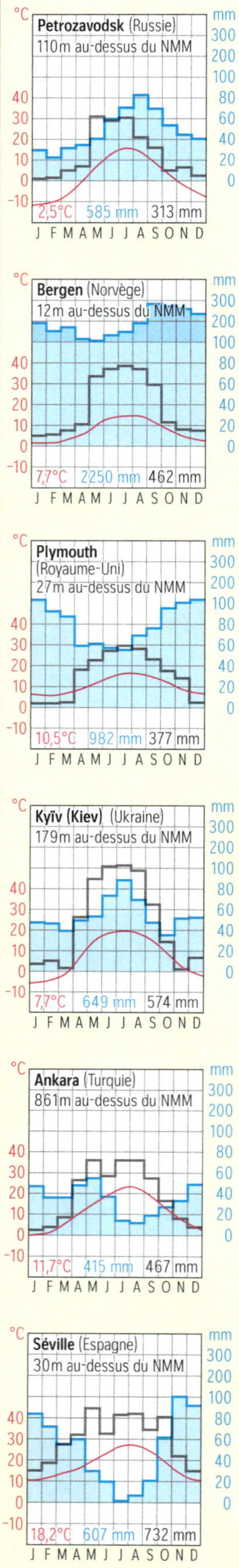

Moyennes sur 30 ans

Mois	Année
Précipitations	344 mm
Température moyenne	11,6°C
Évaporation paysagère potentielle	658 mm

1 Températures en janvier

2 Températures en juillet

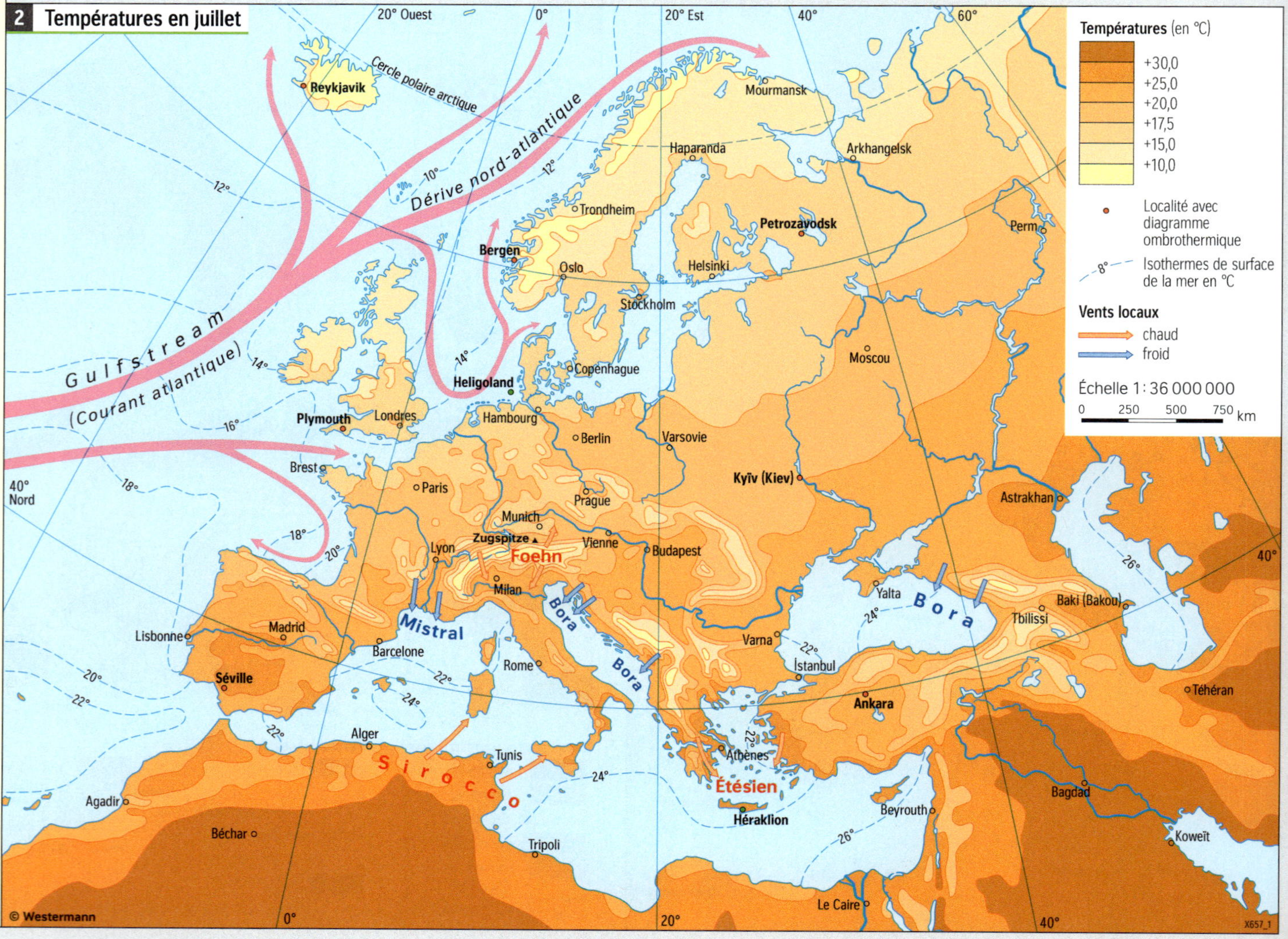

3 Précipitations annuelles

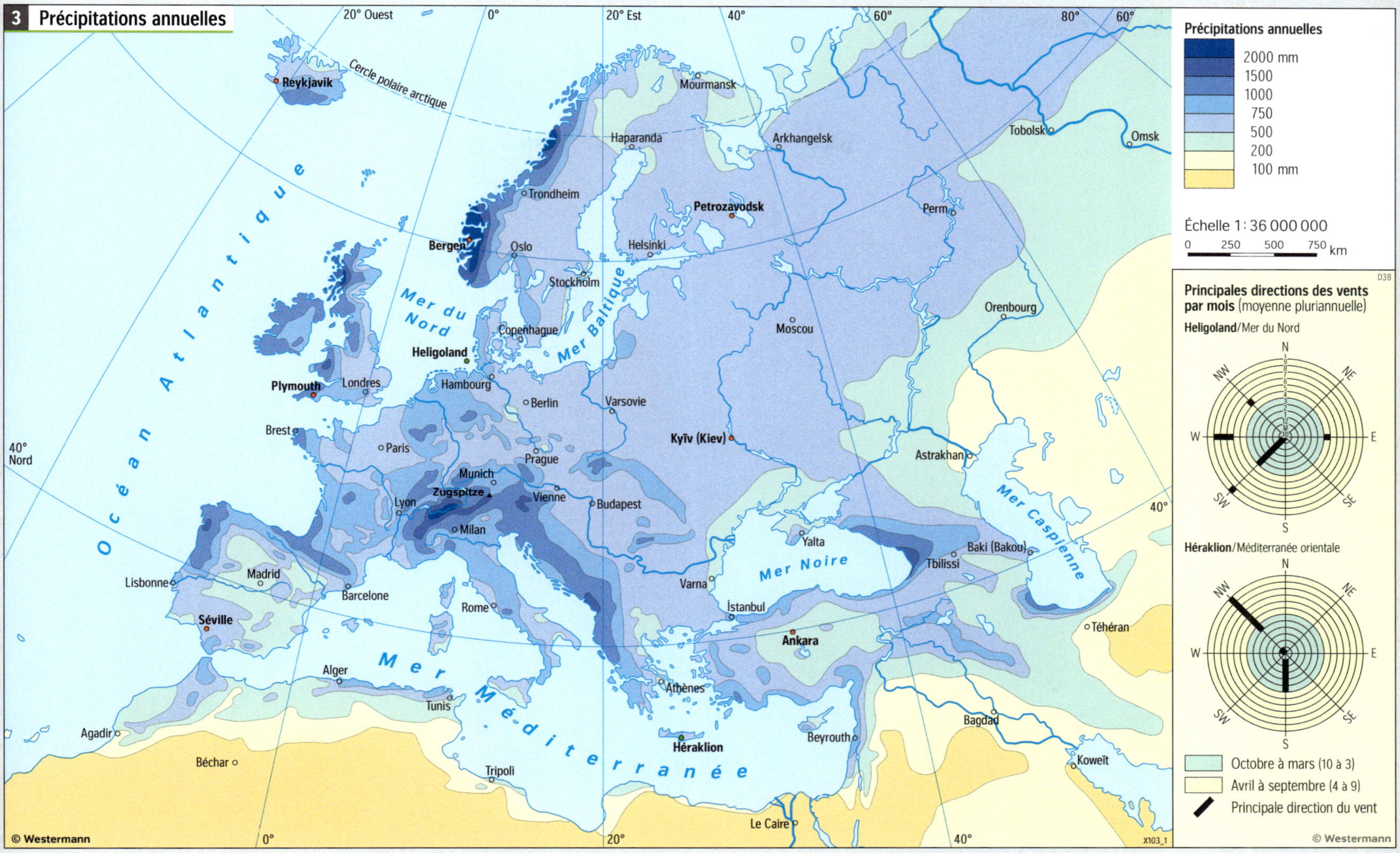

4 Le foehn (système de vent régional)

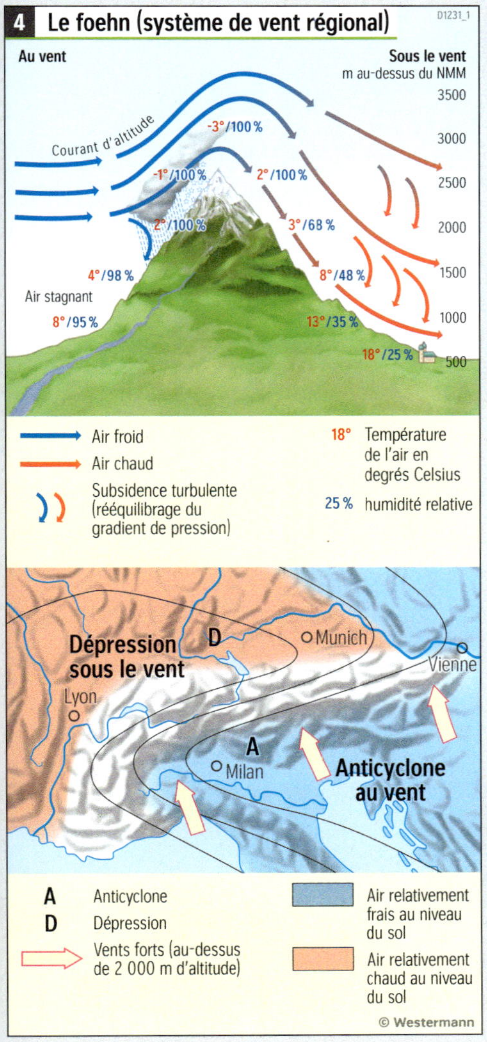

5 Début du printemps

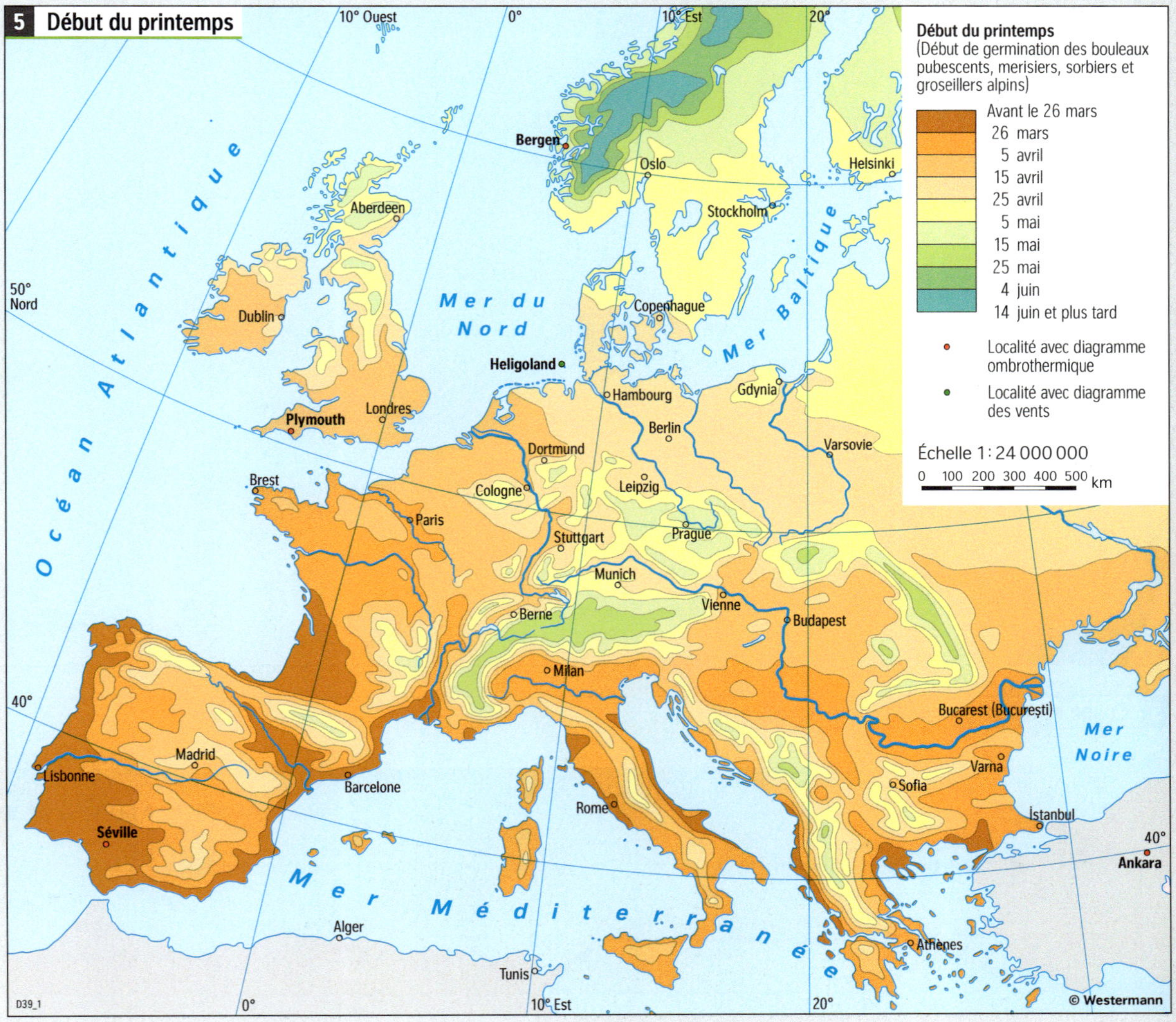

Carte physique

Altitude (en mètres)
- Plus de 1500
- 1000 - 1500
- 500 - 1000
- 200 - 500
- 0 - 200
- Dépression
- Inlandsis
- 8848 Altitude du sommet

Profondeur marine (en mètres)
- 0 - 200
- 200 - 2000
- 2000 - 4000
- 4000 - 6000
- 6000 - 8000
- Plus de 8000
- 11 034 Cote de profondeur
- o Localité

Surfaces émergées et aquatiques

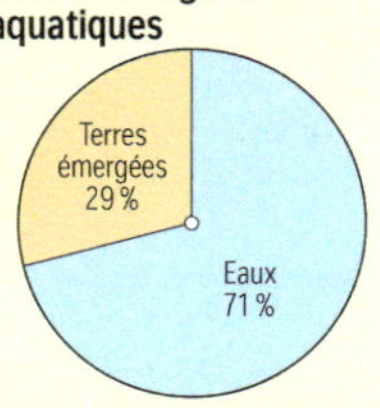

Superficie des continents
(en pourcents de la surface des terres émergées)

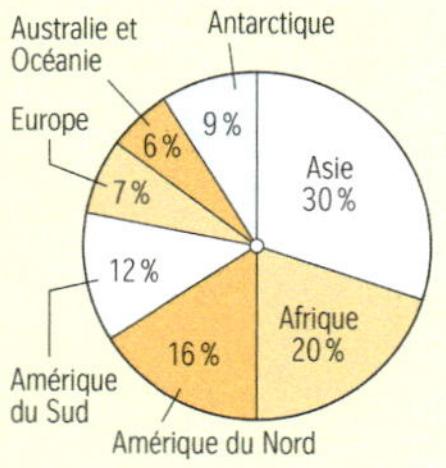

Superficie des océans
(en pourcents de la surface d'eau)

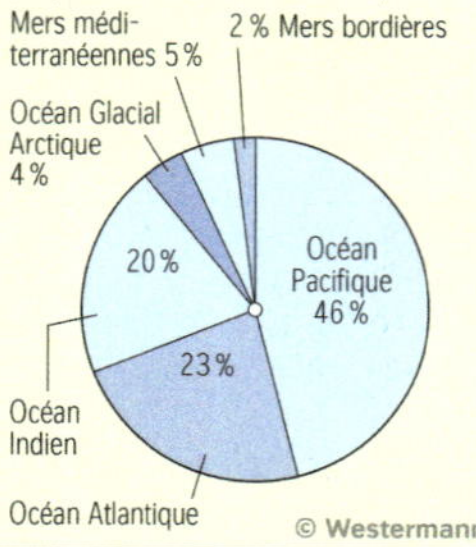

1 Carte physique

2 Structure interne de la Terre

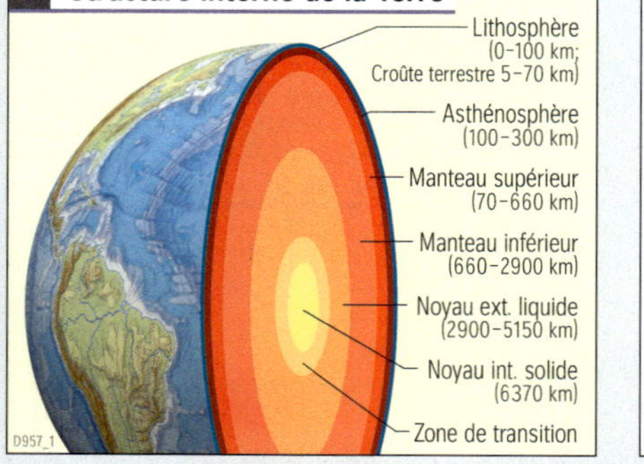

3 Coupe schématique de la croûte terrestre

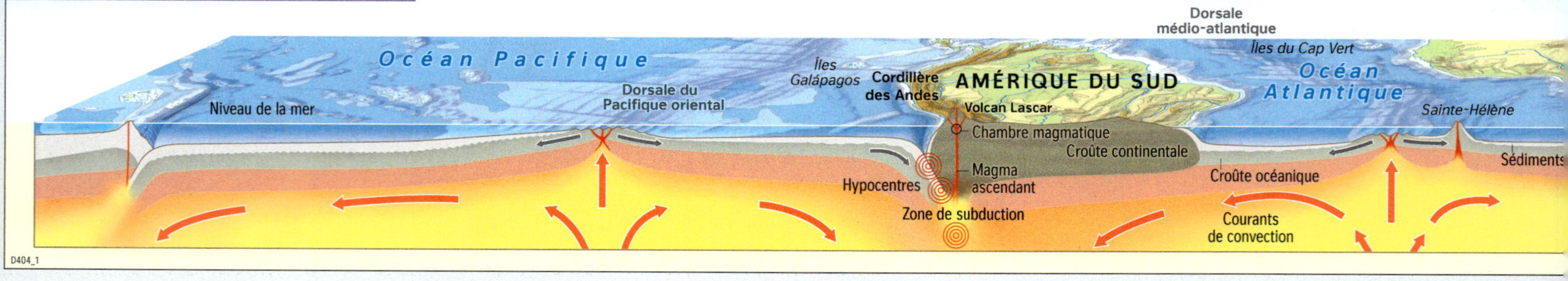

Projection de Winkel
Glacial Arctique
Terre François-Joseph
Spitzberg
Nouvelle-Zemble
Mer de Kara
Cap Tchéliouskine
Péninsule de Taïmyr
Mer des Laptev
Mer de Sibérie orientale
Détroit de Béring
Cap Dejnev
66,5°
80°
60°
40°
23,5°
0°
20°
Mer de Norvège
Cap Nord
Mer de Barents
Scandinavie
Kola
Lac Ladoga
Mer Baltique
Mer du Nord
Îles Britanniques
Londres
Berlin
Paris
Moscou
Volga
E U R O P E
Oural
Salekhard
Ob
S i b é r i e
Iénisseï
Irtych
Novosibirsk
Léna
Verkhoïansk
Monts de Verkhoïansk
Monts Stanovoï
Monts Iablonovy
Lac Baïkal
Altaï
Amour
Mer d'Okhotsk
Kamtchatka
Mer de Béring
Îles Aléoutiennes
Fosse des Aléoutiennes
Ligne de changement de date
Alpes
Mont Blanc 4810
Rome
Danube
Mer Noire
Caucase
5642 Elbrous
Dépression caspienne
Mer Caspienne
Touran
A S I E
Gobi
Mandchourie
Beijing (Pékin)
Huang He
Corée
Mer du Japon (Mer de l'Est)
Honshu
Tokyo
Fosse du Japon
10554
Mer de Chine orientale
Tian Shan
Bassin du Tarim
Kunlun
Plateau du Tibet
Hindou Kouch
Himalaya
Mont Everest 8848
Monts Kunlun
Chang Jiang (Yangzijiang)
Plateau de Chine du Sud
Guangzhou (Canton)
Mer Méditerranée
Atlas
Le Caire
Nil
Mésopotamie
Plateau d'Iran
Arabie
Mer Rouge
Indus
Thar
Delhi
Gange
Inde
Hoggar
Sahara
Tibesti
Roub-al-Khali (Grand Désert Arabique)
Mumbai
Mer d'Oman
Golfe du Bengale
Îles Andaman
Bangkok
Mékong
Niger
Sahel
Mont Dascian 4533
Cap Guardafui
Bassin d'Arabie
Massif éthiopien
A F R I Q U E
Seuil nord-équatorial
Congo
Golfe de Guinée
Bassin de Guinée
Seuil de Bassin de Guinée
Bassin du Congo
Bassin somalien
Crête de Carlsberg
Cap Comorin
Îles Nicobar
Sri Lanka
Maldives
Équateur
Mer de Chine méridionale
Philippines
Fosse des Philippines
10 540
Bassin des Philippines
Fosse des Mariannes
Mariannes
11 034
Micronésie
Carolines
Îles Marshall
Kiribati
5199 Mont Kenya
5895 Kilimandjaro
Lac Victoria
Seychelles
Dar es Salam
Kinshasa
Seuil de Guinée
Océan Indien
Archipel des Chagos
Bassin central indien
Crête de l'Océan Indien central
Dorsale du Bengale
Sumatra
Bornéo
Archipel de Malaisie
Java
Fosse de Java
7450
Nouvelle-Guinée
Mélanésie
Îles Salomon
Océan Pacifique
Îles Phoenix
Tuvalu
Bassin d'Angola
Sainte-Hélène
Seuil sud-équatorial
Comores
Canal de Mozambique
Zambèze
Madagascar
Bassin des Mascareignes
Mascareignes
Îles Cocos
Bassin de l'Australie nord-occidentale
Darwin
Cap York
Récif de la Grande Barrière
Mer de Corail
Samoa
Îles Fidji
Nouvelle-Calédonie
Bassin du Pacifique nord-occidental
Crête d'Hawaï
Bassin du Pacifique central
Namib
Bassin du Kalahari
Drakensberg
Johannesbourg
Bassin du Natal
Bassin de Madagascar
Crête de Walvis
Le Cap
Cap de Bonne-Espérance
Bassin de l'Australie occidentale
Grand Désert de Sable
AUSTRALIE
Grand Désert de Victoria
Plaine australienne
Perth
Darling
Cordillère australienne
Sydney
2228 Mont Kosciuszko
Grande Baie australienne
Bassin de l'Australie méridionale
Bassin de l'Océan Indien sud-oriental
Mer de Tasman
Fosse des Tonga
10 882
Fosse des Kermadec
Crête de l'Océan Indien occidental
Bassin de l'Océan Indien sud-occidental
Saint-Paul
Seuil du Cap
Bassin des Aiguilles
Crête de l'Océan Indien méridional
Îles Kerguelen
Crête des Kerguelen
Île Bouvet
Crête indien-atlantique
Tasmanie
Bassin de Tasmanie
Nouvelle-Zélande
Île Chatham
Île Campbell
Crête de Tasmanie
Crête du Pacifique austral
Bassin du Pacifique austral
Bassin indien-atlantique-antarctique
Bassin indien-antarctique
Chaîne Transantarctique
Mer de Ross
ANTARCTIQUE
Ouest J 0° K 20° Est L 40° M 60° N 80° O 100° P 120° Q 140° R 160° S 180° T 160°
1 2 3 4 5 6 7 8 9 10
© Westermann

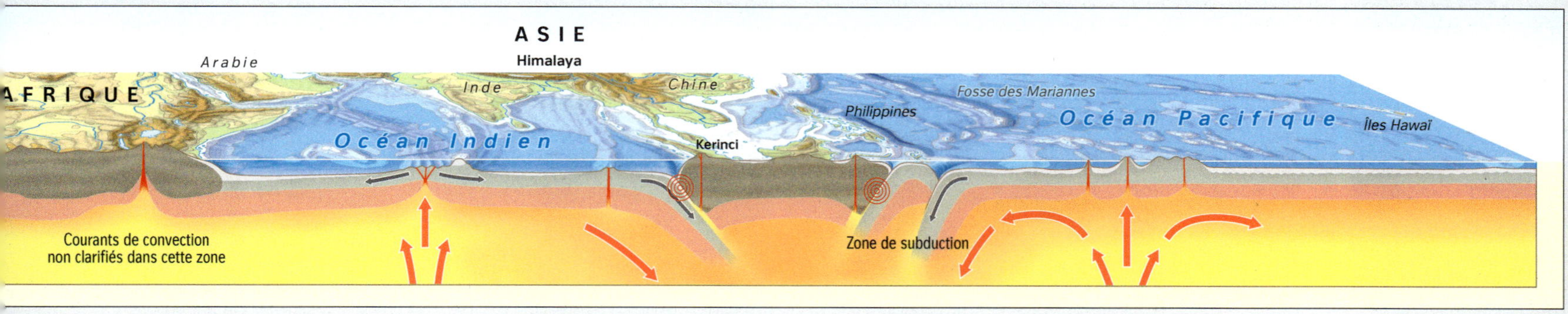
ASIE
Himalaya
Arabie
AFRIQUE
Inde
Chine
Océan Indien
Kerinci
Philippines
Fosse des Mariannes
Océan Pacifique
Îles Hawaï
Courants de convection non clarifiés dans cette zone
Zone de subduction

Fh3

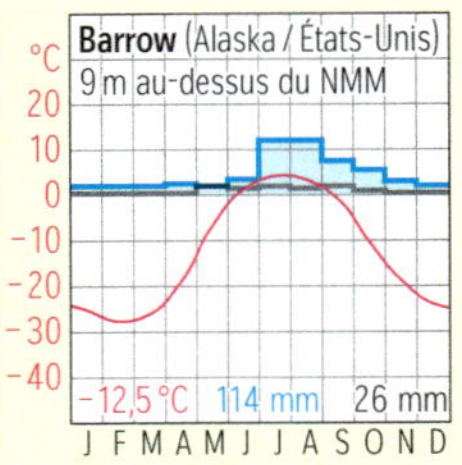

Esh4

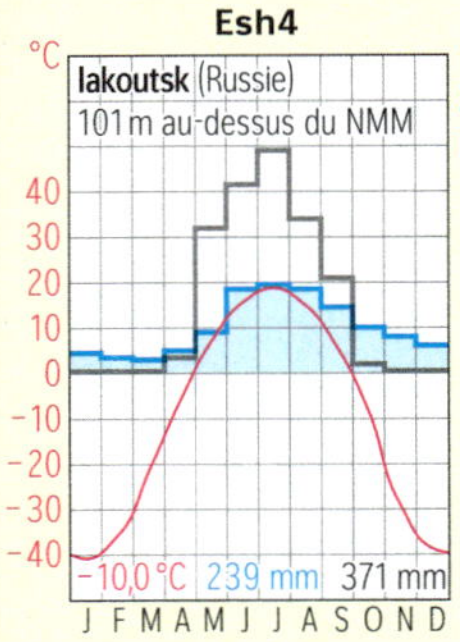

Ch3

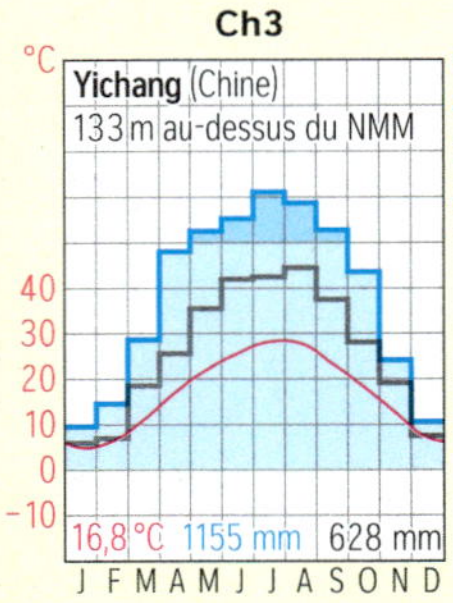

Ba5

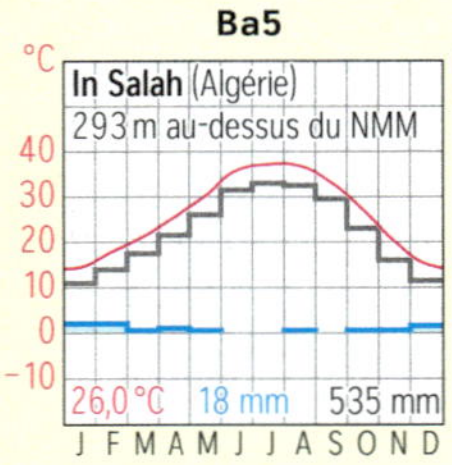

Asa5

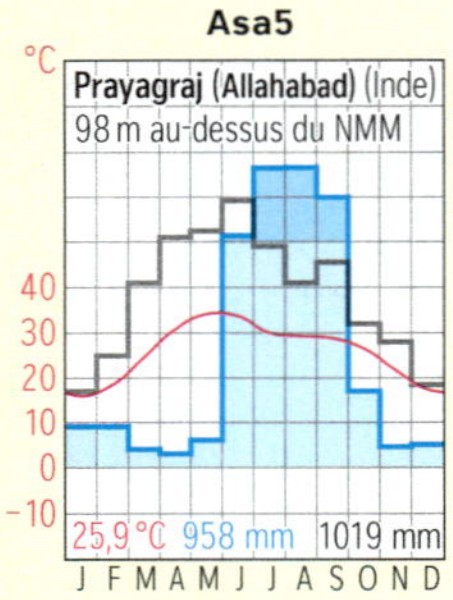

Ah5

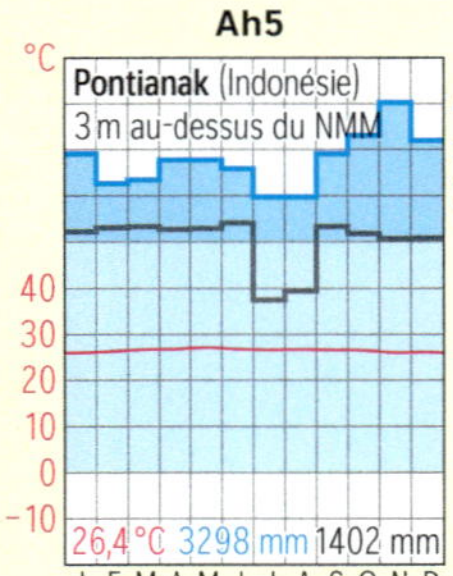

Ash6

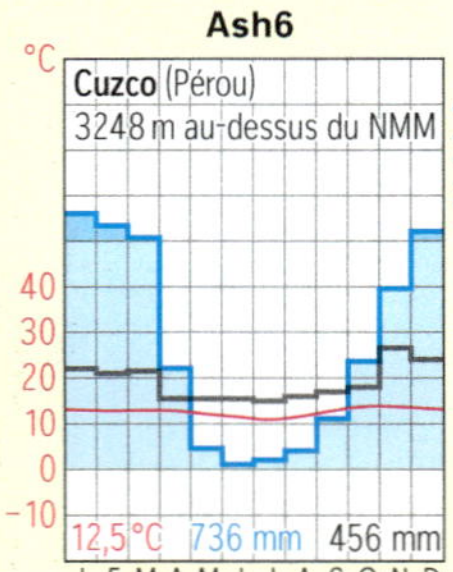

D410_3

Diagrammes ombrothermiques

Valeurs mensuelles
- Température
- Précipitations
- Évaporation paysagère potentielle (évaporation maximale possible)

Valeurs annuelles
- 12,2 °C Température
- 750 mm Précipitations
- 748 mm Évaporation paysagère potentielle (évaporation maximale possible)

Délimitation en fonction de la moyenne annuelle de la température

- **F** Zone polaire : en-dessous de −10 °C
- **E** Zone subpolaire : −10 °C à 0 °C
- **D** Latitudes moyennes (zone tempérée) : 0 °C à 12 °C
- **C** Zone subtropicale : 12 °C à 24 °C
- **A** Zone tropicale : plus de 24 °C

Échelle 1 : 300 000 000

1 Les zones climatiques thermiques

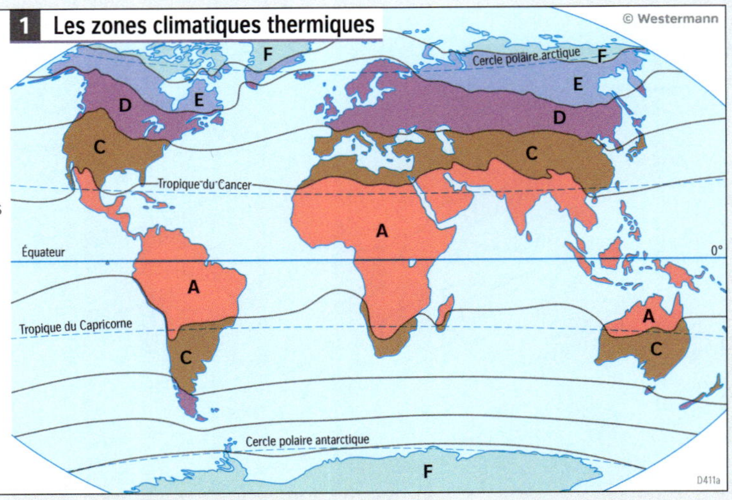

Climats extrêmes

- **F E** Zone polaire et subpolaire : Température moyenne annuelle < 0 °C (→ trop froid pour une utilisation agricole intensive)
- **B** Climats secs : Précipitations annuelles < 250 mm (→ trop sec pour une utilisation agricole intensive)
- Climat montagnard (→ trop froid pour une utilisation agricole intensive)

Climats agricoles

- Climats humides : Précipitations annuelles > 250 mm

Classification empirique
d'après A. Siegmund et P. Frankenberg (2014)

Premier critère de classification (Zones climatiques)

- **F** Zone polaire : température moyenne annuelle inférieure à −10 °C
- **E** Zone subpolaire : température moyenne annuelle entre −10 °C et 0 °C
- **D** Latitudes moyennes : température moyenne annuelle entre 0 °C et 12 °C
- **C** Zone subtropicale : température moyenne annuelle entre 12 °C et 24 °C
- **B** Climats arides : précipitations annuelles inférieures à 250 mm
- **A** Zone tropicale : température moyenne annuelle supérieure à 24 °C
- Climat montagnard du type de climat correspondant

E, F trop froid pour l'utilisation agricole intensive
B trop sec pour l'utilisation agricole intensive

Deuxième critère de classification (bilan hydrique)

- **a** aride (aride) : 0–2 mois humides
- **sa** semi-aride (à saisons alternées) : 3–5 mois humides
- **sh** semi-humide (à saisons alternées) : 6–9 mois humides
- **h** humide (humide) : 10–12 mois humides

Troisième critère de classification (bilan thermique/continentalité)

En dehors de la zone tropicale
- **1** hypermaritime : amplitude thermique annuelle inférieure à 10 °C
- **2** maritime : amplitude thermique annuelle entre 10 °C et 20 °C
- **3** continental : amplitude thermique annuelle entre 20 °C et 40 °C
- **4** hypercontinental : amplitude thermique annuelle supérieure à 40 °C

Dans la zone tropicale
- **5** Climat tropical chaud
- **6** Climat tropical froid (climat montagnard de la zone tropicale)

Exemple d'un climat

- **Dsh2** climat semi-humide, maritime des latitudes moyennes
- Cuzco ● Localité avec diagramme ombrothermique

Brouillard côtier

Hiver — Été

Courants marins pendant l'hiver boréal/été austral

Température: froid — frais — chaud

Vitesse des courants en milles marins (NM) par 24 heures (1 NM = 1852 m)

6-12 — 12-24 — Supérieure à 24

Échelle 1 : 90 000 000

D408_1

4 Les climats de la Terre d'après A. Siegmund et P. Frankenberg (classification empirique)

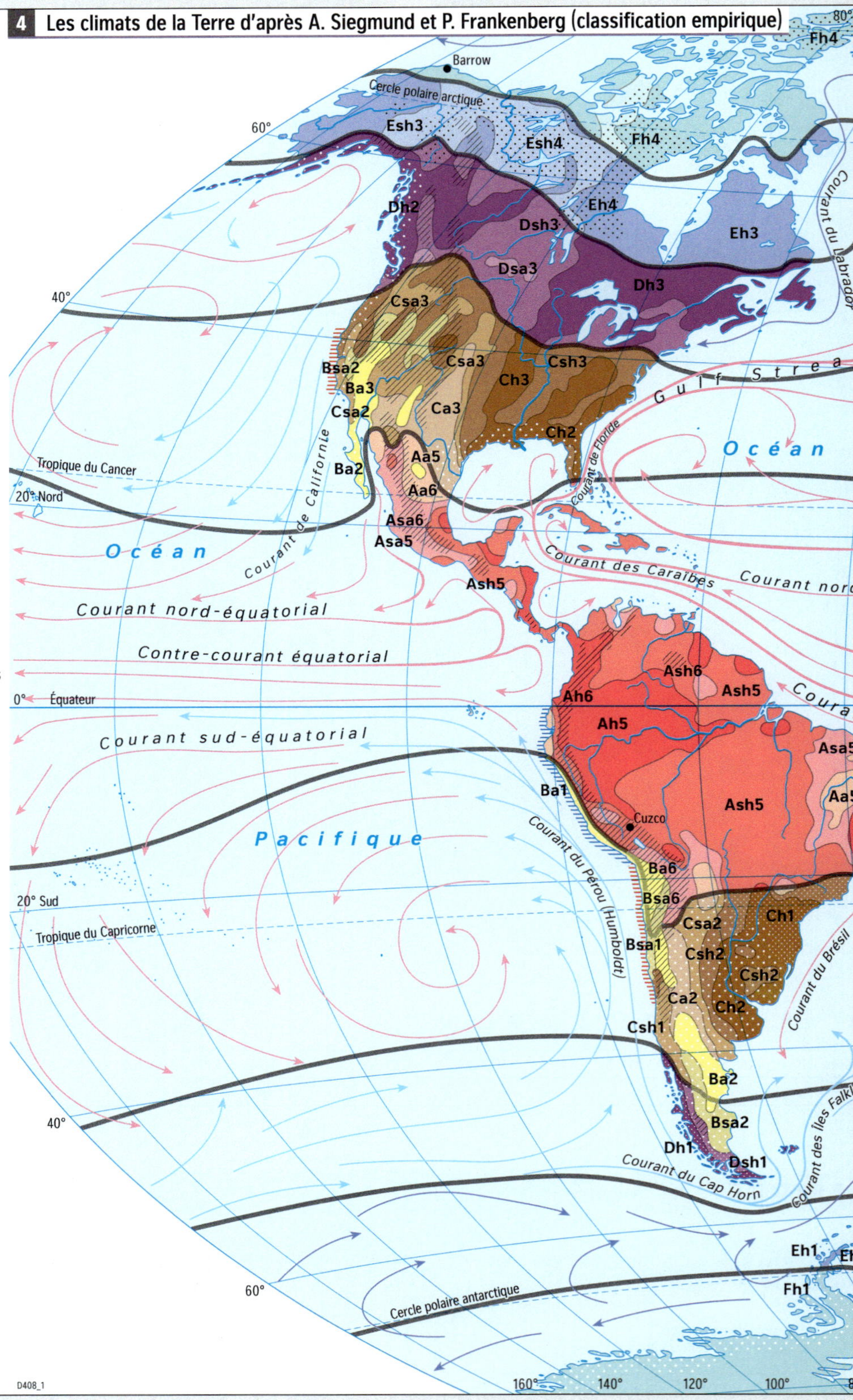

2 Les climats extrêmes et agricoles

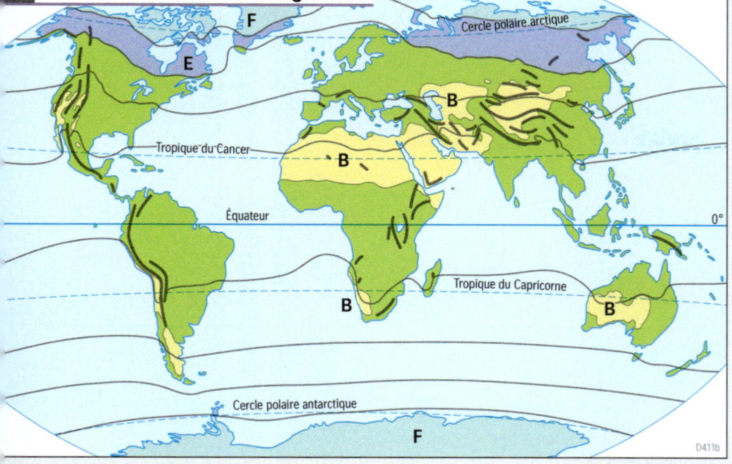

3 Les climats saisonniers et diurnes

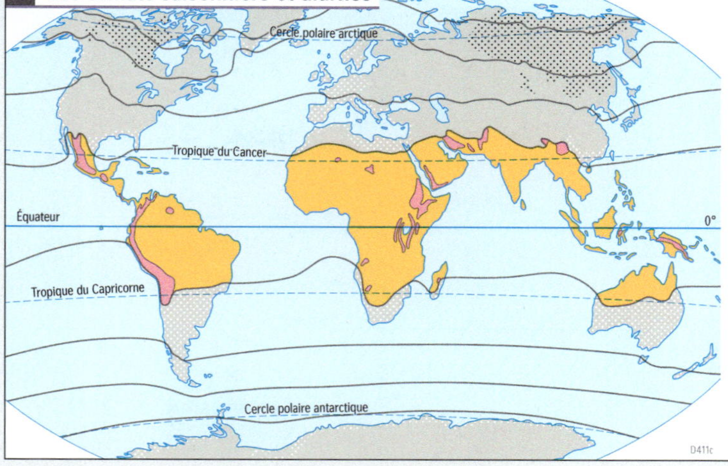

Climats saisonniers et diurnes

L'amplitude thermique annuelle (= la différence de température entre le mois le plus chaud et le mois le plus froid) est

- inférieur à 20 °C pour le climat maritime
- entre 20 °C et 40 °C pour le climat continental
- supérieur à 40 °C pour le climat hypercontinental

Climats diurnes

- Climat tropical froid (le gel peut se produire au-dessus de 1 600 m)
- Climat tropical chaud (sans gel)

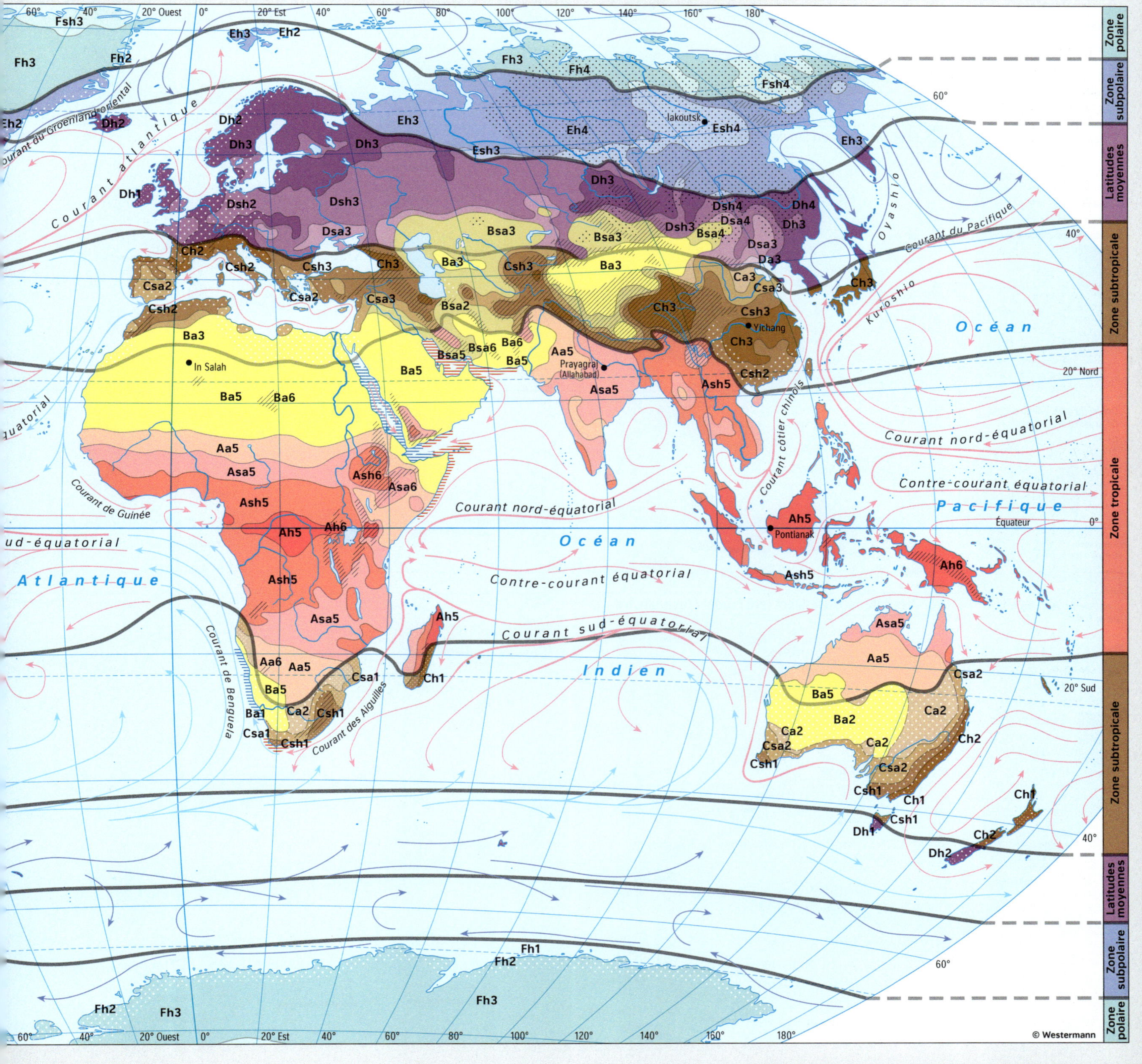

Pression atmosphérique, vents, précipitations

1 Pression atmosphérique et vents en janvier

Pression atmosphérique (en hectopascals)

ANTICYCLONE
1034
1030
1026
1022
1018
1014 — 1013 hPa Pression normale au niveau de la mer
1010
1006
1002
998
994
DÉPRESSION

1018 Lignes d'égale pression atmosphérique (isobares) en hectopascals (hPa)

Force des vents
- Faible
- Modéré
- Tempétueux

Absence de vent
- Zones sans vent (zones calmes)

Échelle 1 : 180 000 000

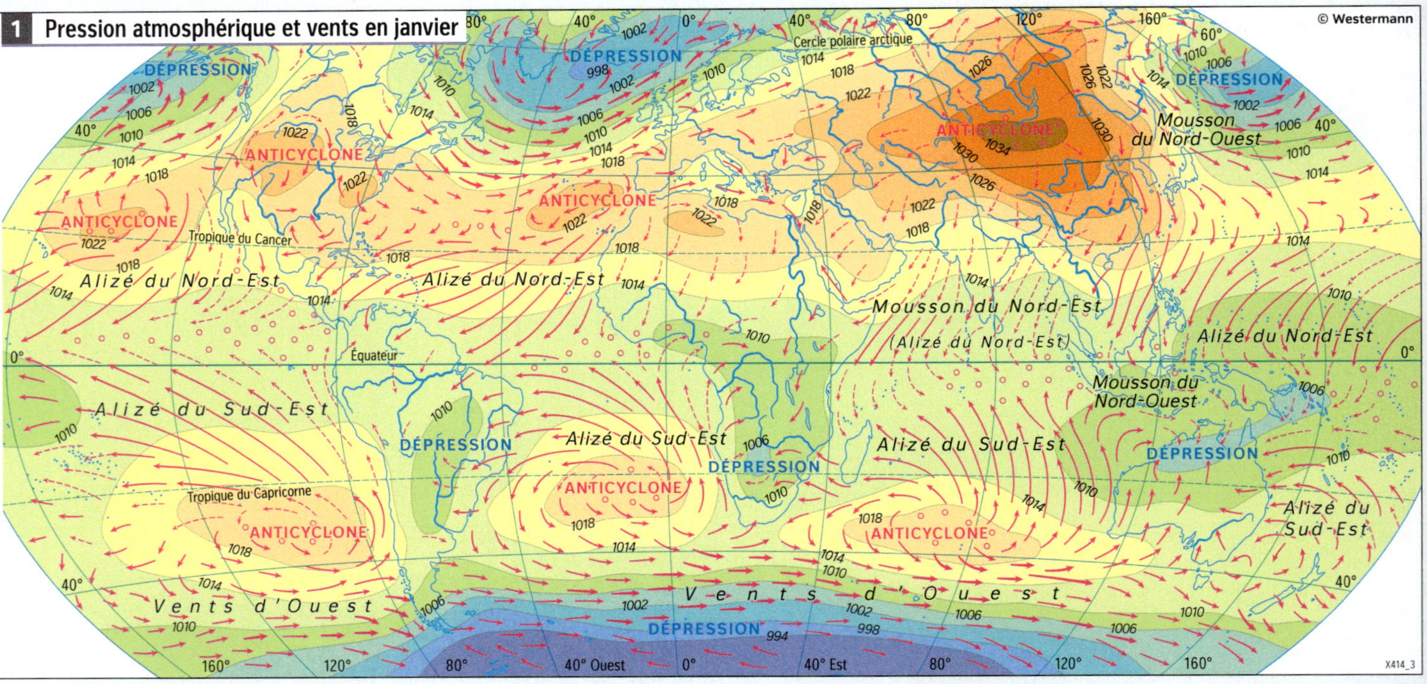

3 Précipitations en janvier (hiver boréal / été austral)

Système de vents importants de la Terre
- Alizés
- Moussons
- Vents d'Ouest des latitudes moyennes

Précipitations mensuelles
- Plus de 400
- 300 - 400
- 200 - 300
- 100 - 200
- 50 - 100
- 25 - 50
- Moins de 25 mm

Zone de convergence intertropicale (ZCIT) (d'après Flohn)

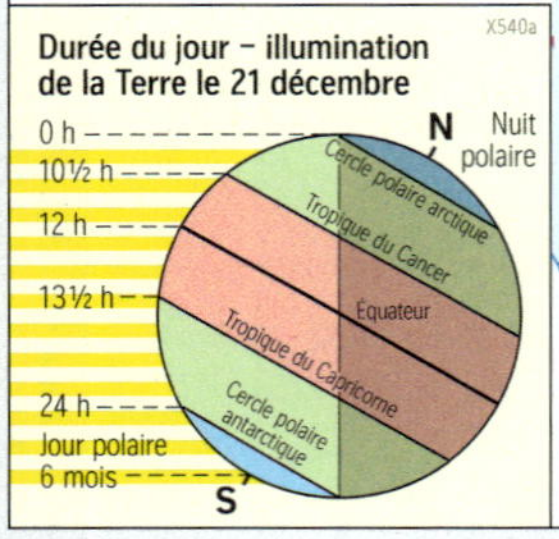

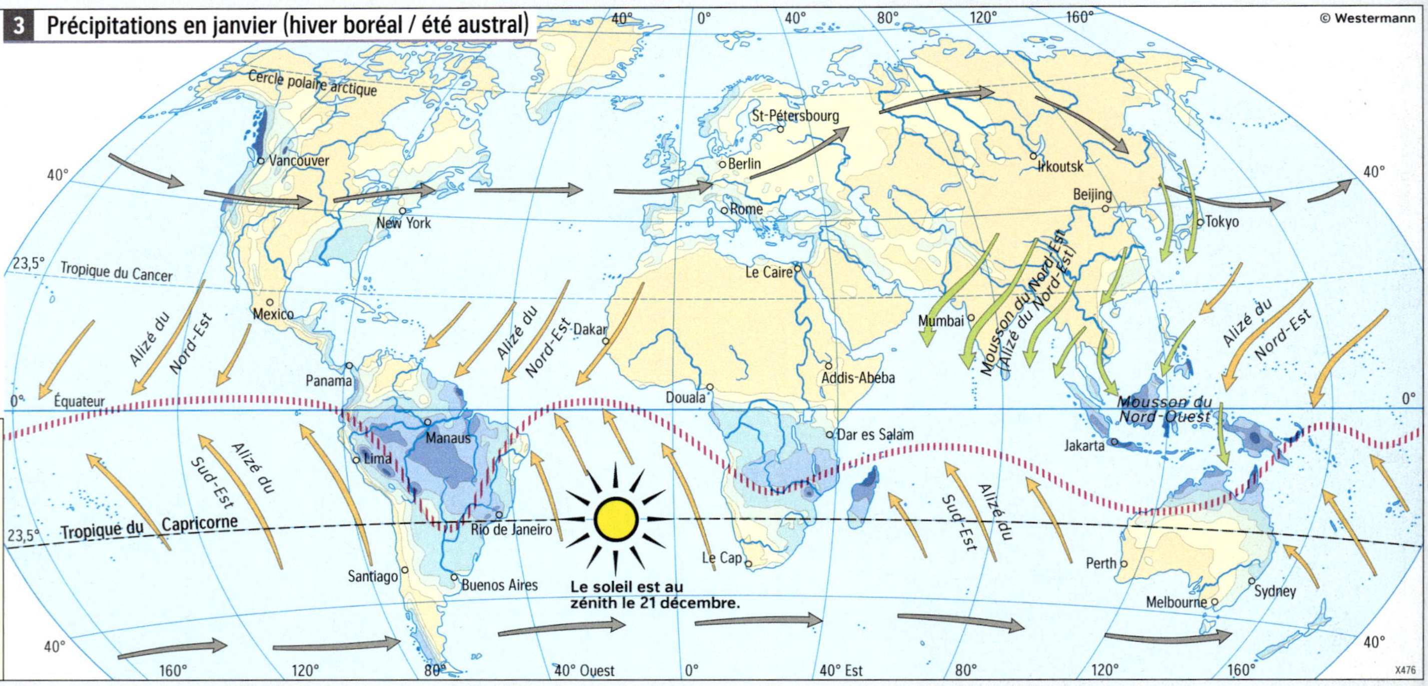

4 Précipitations en juillet (été boréal / hiver austral)

Système de vents importants de la Terre
- Alizés
- Moussons
- Vents d'Ouest des latitudes moyennes

Précipitations mensuelles
- Plus de 400
- 300 - 400
- 200 - 300
- 100 - 200
- 50 - 100
- 25 - 50
- Moins de 25 mm

Zone de convergence intertropicale (ZCIT) (d'après Flohn)

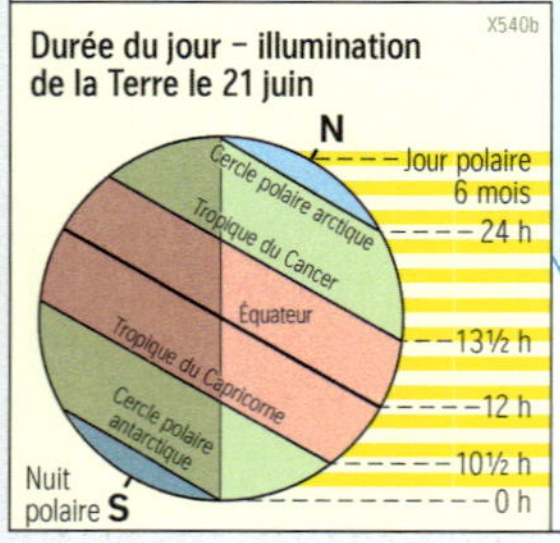

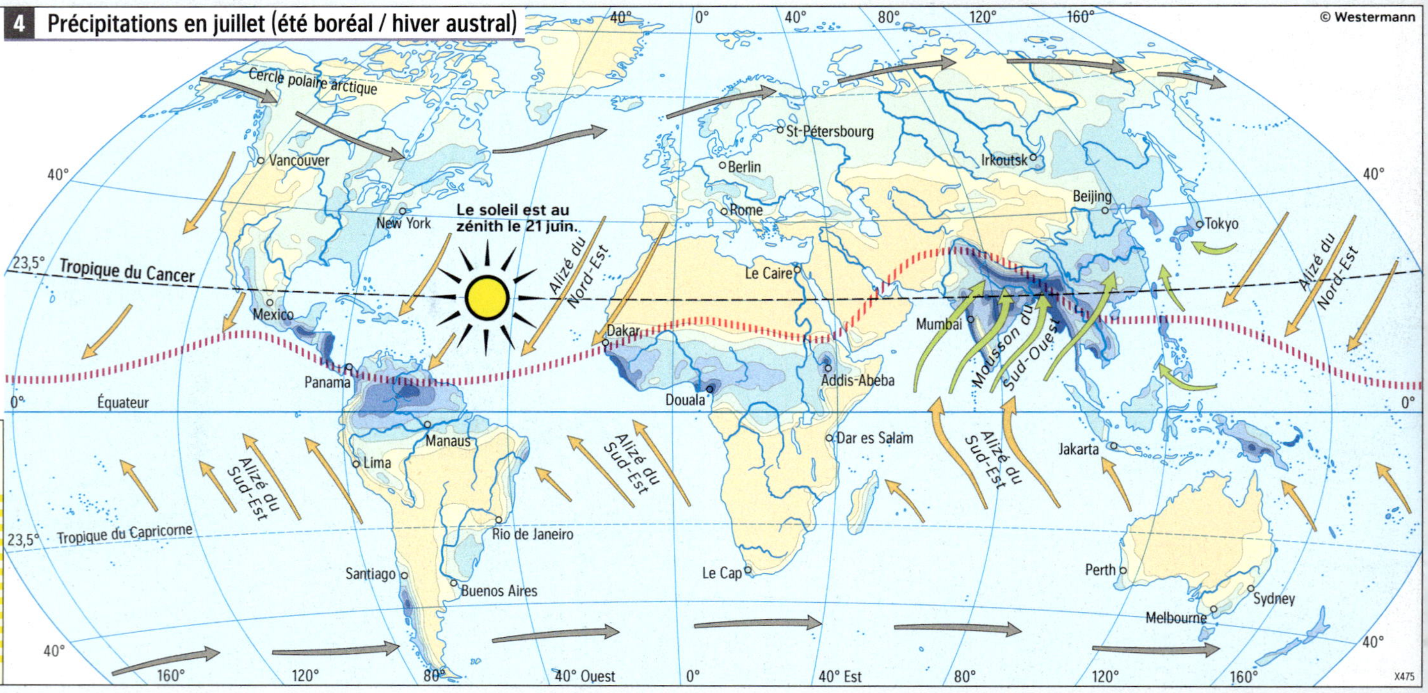

2 Pression atmosphérique et vents en juillet

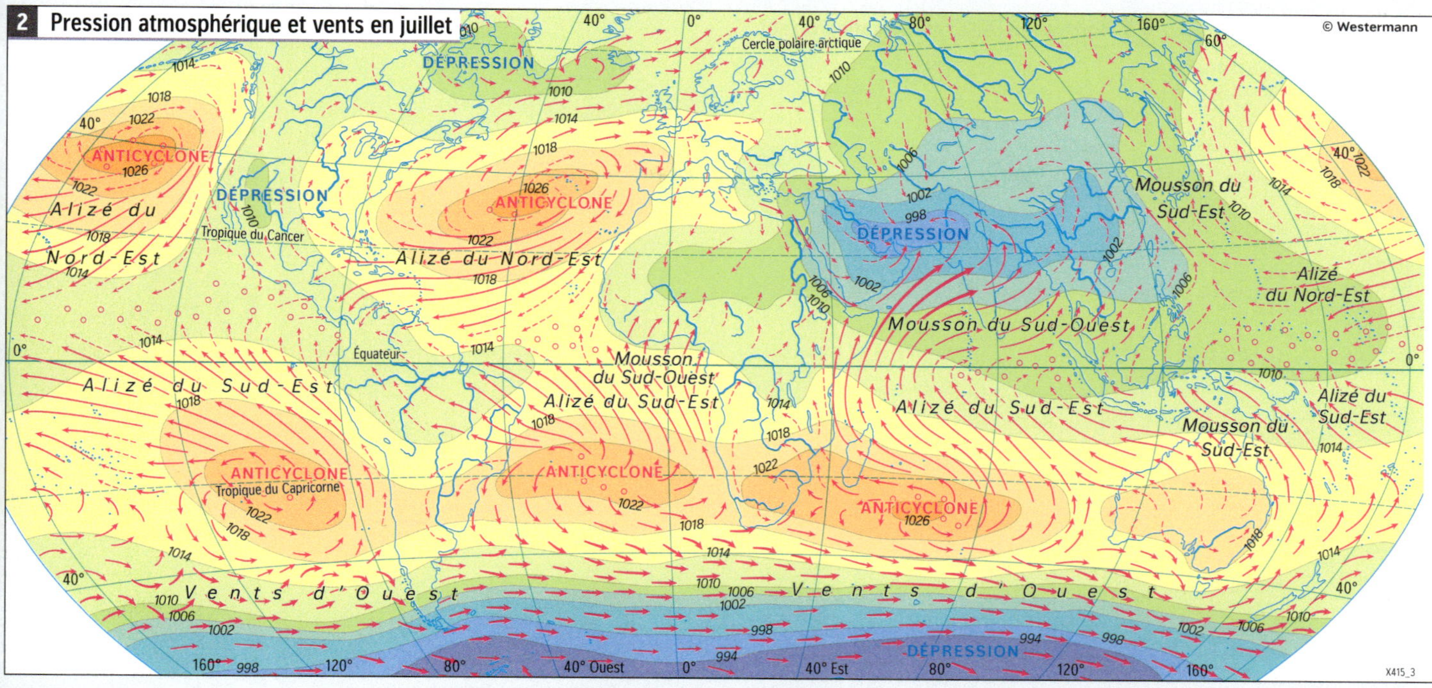

Pression atmosphérique (en hectopascals)

ANTICYCLONE
1034
1030
1026
1022
1018
1014
1010
1006
1002
998
994
DÉPRESSION

1013 hPa Pression normale au niveau de la mer

1018 Lignes d'égale pression atmosphérique (isobares) en hectopascals (hPa)

Force des vents
- Faible
- Modéré
- Tempétueux

Absence de vent
- Zones sans vent (zones calmes)

Échelle 1 : 180 000 000

5 Systèmes des vents (schématique)

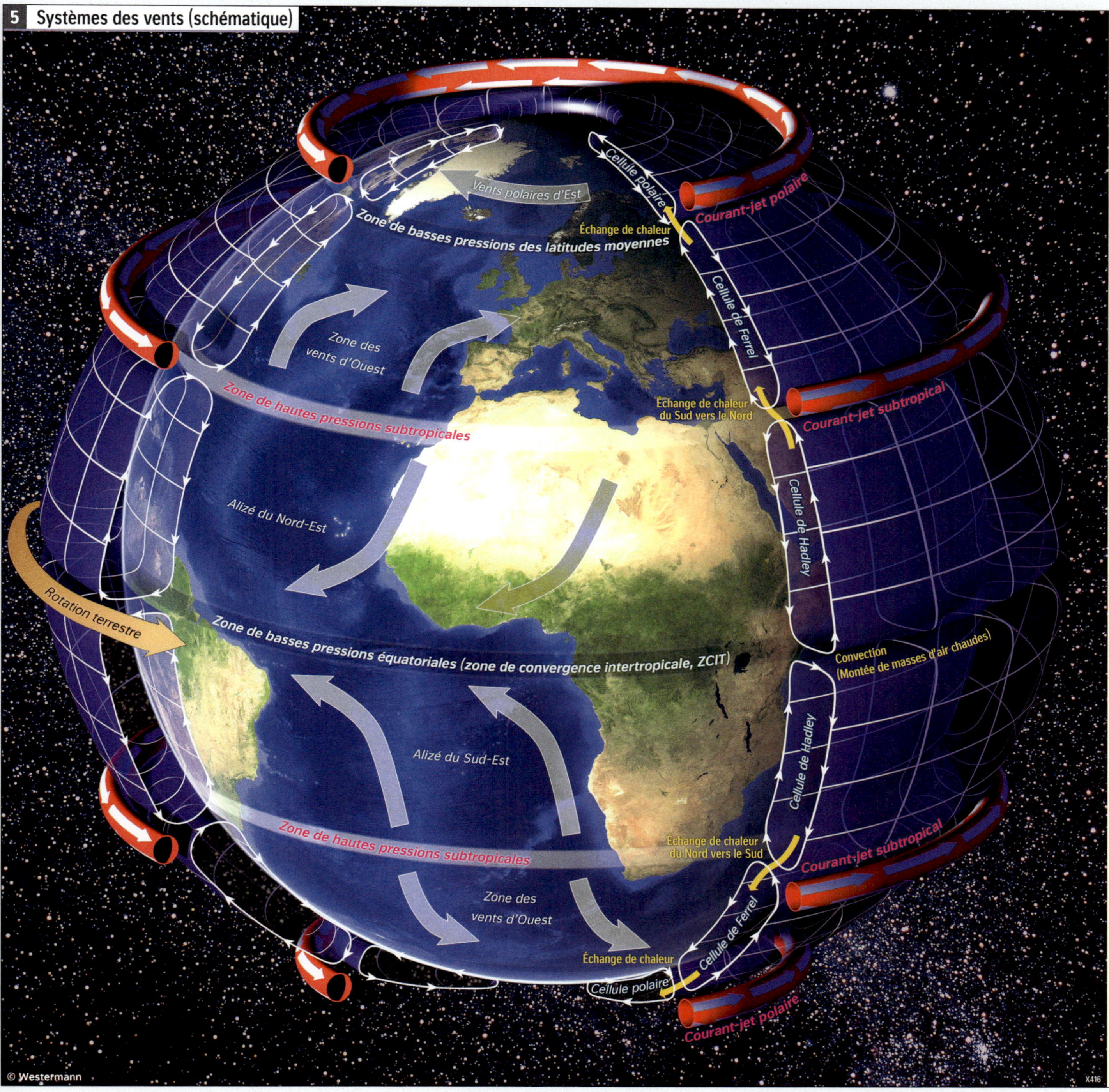

La circulation générale de l'atmosphère est un modèle de tous les courants atmosphériques globaux. Ces courants résultent des différences spatiales de l'énergie solaire reçue par la Terre.

Effet de la force de Coriolis

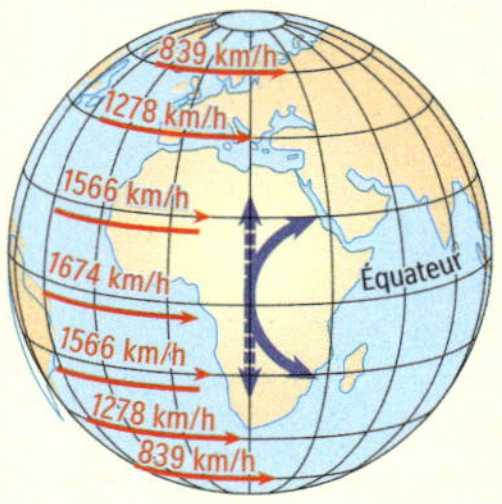

Près de l'équateur, les masses d'air proches du sol se déplacent vers l'Est à la vitesse approximative de la rotation terrestre. En direction des pôles, cette vitesse diminue en raison de la réduction de la longueur des parallèles. Les masses d'air qui se déplacent vers les pôles sont déviées vers l'Est par la force de Coriolis en raison de leur vitesse élevée.

Les masses d'air qui se déplacent vers l'équateur sont déviées vers l'Ouest par la force de Coriolis en raison de leur vitesse réduite.

La représentation des cellules de circulation atmosphérique globale est exagérée de 100 fois par rapport à l'échelle du globe.

Végétation réelle et utilisation du sol

Occupation du sol

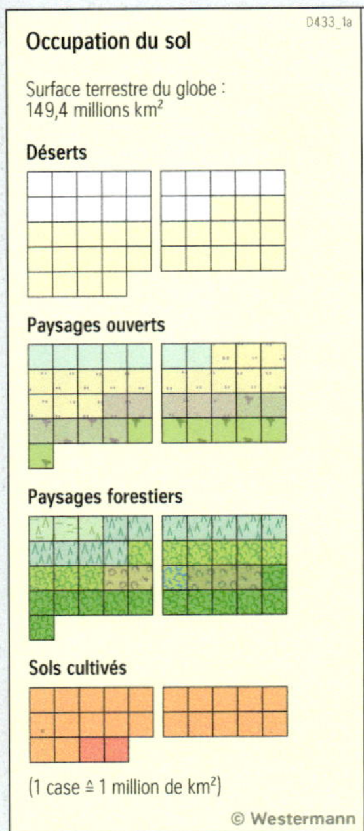

Surfaces agricoles

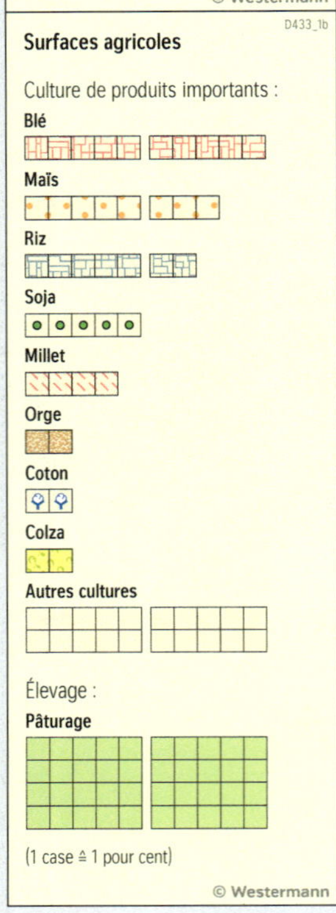

Déserts
- Désert de glace polaire
- Désert, semi-désert

Paysages ouverts
- Toundra, marais, prairie subpolaire
- Steppe
- Steppe sèche de haute montagne
- Savane arborée et arbustive (partiellement savane succulente)
- Savane sèche
- Savane humide et forêt verte des moussons

Paysages forestiers
- Toundra de forêt
- Forêt boréale de conifères
- Forêt de feuillus et forêt mixte
- Arbustes sclérophylles, forêt secondaire et garrigue
- Forêt subtropicale humide
- Forêt tropicale sèche (dégradation partielle)
- Forêt tropicale humide (dégradation partielle)

Sols cultivés
- Terres agricoles (terres arables et pâturages)
- Agglomération urbaine (plus de 10 millions habitants)
- Agglomération urbaine (plus de 5 millions habitants)
- Oasis

Limites de culture
- Céréales
- Maïs
- Dattier (limite de rentabilité)
- Limite méridionale du pergélisol (permafrost)

Échelle 1 : 90 000 000

1 Végétation réelle et utilisation du sol

2 Systèmes d'exploitation forestière

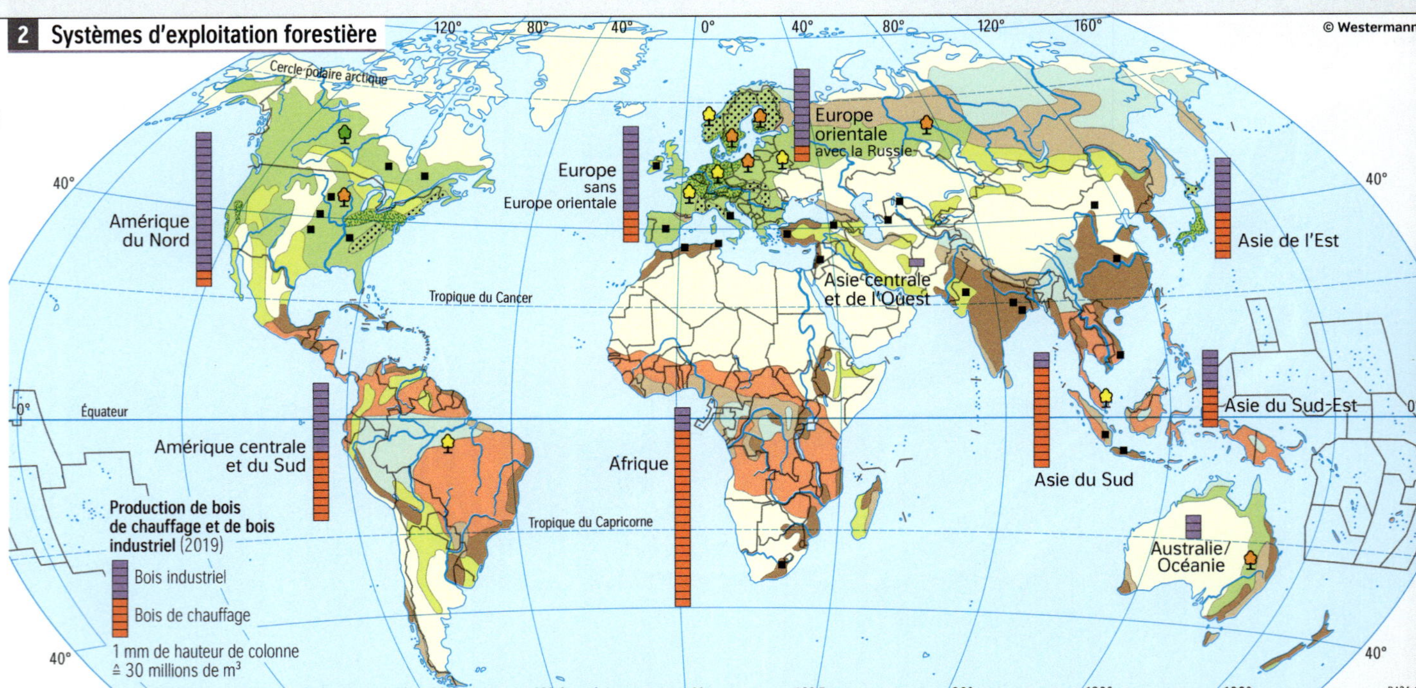

Sylviculture
- Exploitation forestière multifonctionnelle (Fonctions d'exploitation, de préservation et de régénération)
- Sylviculture avec entretien et exploitation constants (l'entretien constant permet l'exploitation permanente)
- Exploitation prédominante, transition à l'exploitation durable
- Reboisement important

Surfaces boisées de certification écologique (en millions d'ha)
- plus de 150
- 10 - 50
- 5 - 10

Exploitation forestière
- Exploitation prédominante, enlèvement de bois de chauffage et industriel
- Agriculture itinérante
- Élevage prédominant
- Exploitation sélective
- Utilisation non contrôlée

Échelle 1 : 180 000 000

3 Zones agricoles

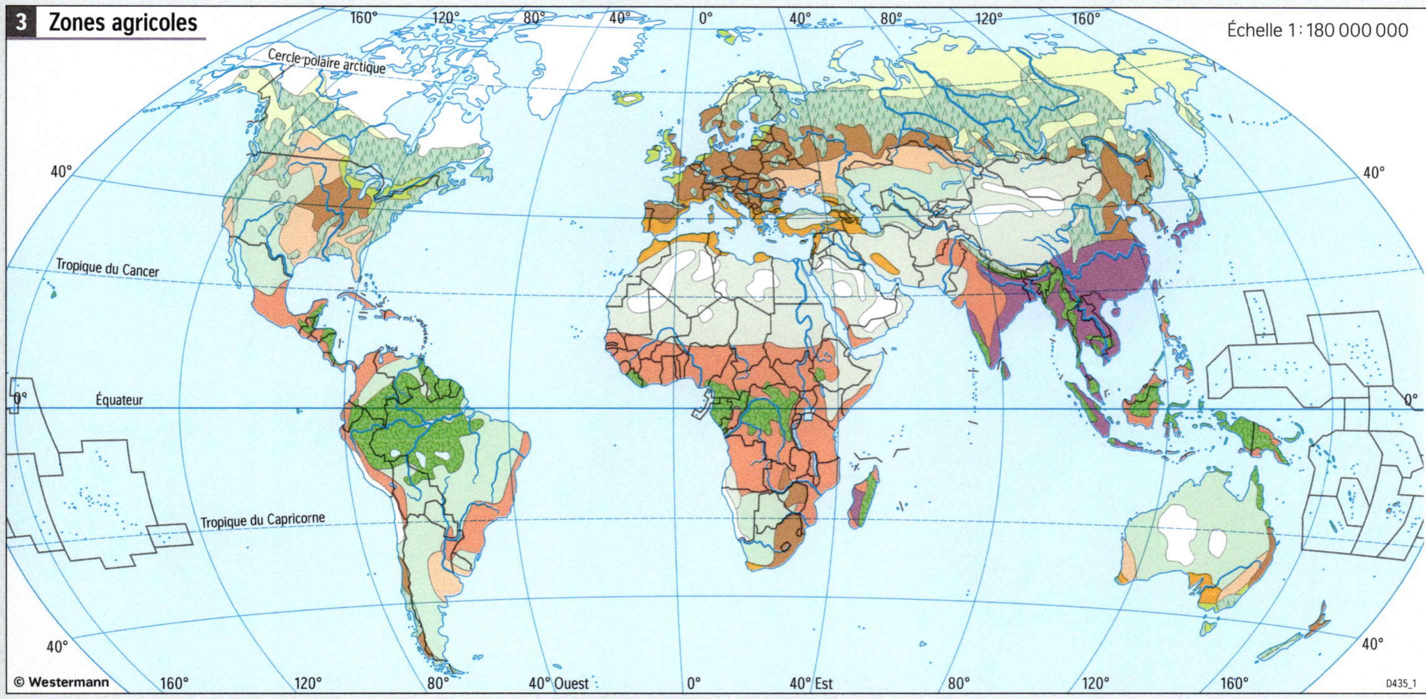

Échelle 1 : 180 000 000

Élevage prédominant
- Pâturage migratoire dans les zones sèches
- Pâturage migratoire dans les climats froids
- Élevage stationnaire extensif (ranch, estancia)
- Gestion intensive des prairies

Agriculture prédominante
- Rotation traditionnelle des cultures, agriculture pluviale des tropiques, en partie des plantations
- Irrigation prédominante avec riziculture inondée
- Agriculture, culture permanente des zones de pluie d'hiver
- Culture céréalière à grande échelle et agriculture spécialisée (ferme)
- Agriculture mixte intensive des zones tempérées

Culture sporadique / non existante
- Fôret tropicale humide avec agriculture itinérante, en partie des plantations
- Forêt de haute et moyenne latitude avec sylviculture
- Zones inutilisables

Carte politique, population

1 Carte politique

Administration

- ● Capitale
- Niue [N.-Z.] Territoire d'outre-mer à autonomie intérieure
- *Wake [É.-U.]* Territoire associé, dépendance
- Frontière d'État (Les frontières des États dans la mer sont approximatives.)

Abréviations

- [Austr.] = Australie
- [Fr.] = France
- [Ind.] = Inde
- [Jap.] = Japon
- [Mex.] = Mexique
- [N.-Z.] = Nouvelle-Zélande
- [Norv.] = Norvège
- [Port.] = Portugal
- [R.-U.] = Royaume-Uni
- [Esp.] = Espagne
- [É.-U.] = États-Unis
- E.A.U. = Émirats Arabes Unis

Échelle 1 : 90 000 000

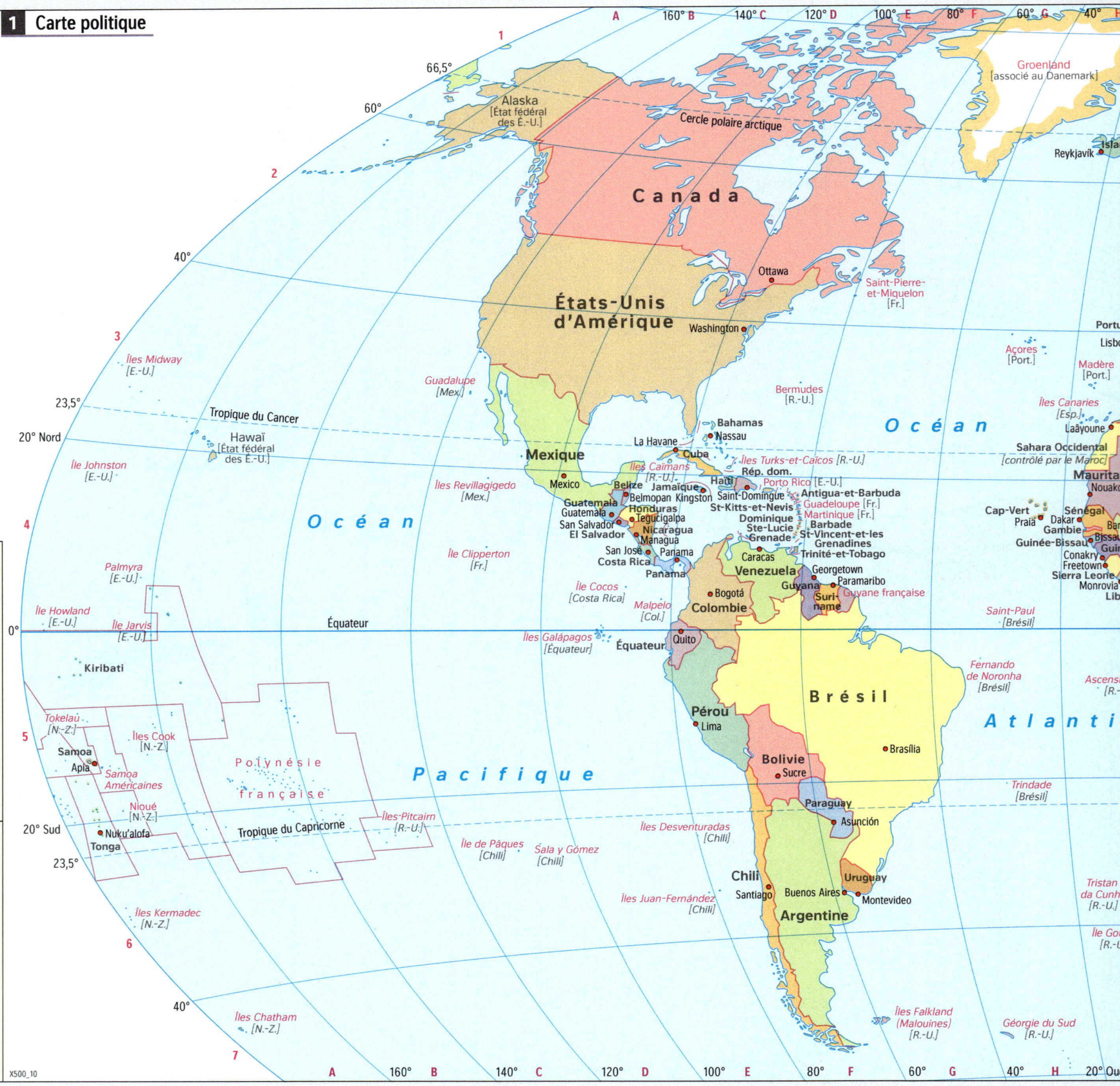

Les continents selon leur superficie

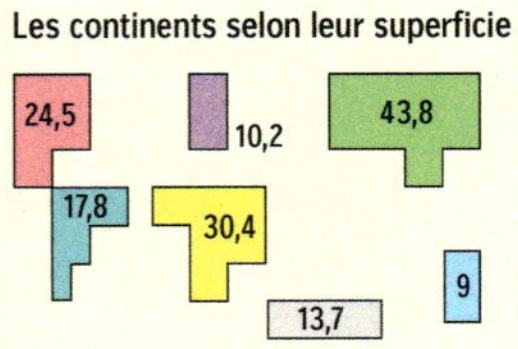

- Amérique du Nord
- Amérique du Sud
- Europe
- Afrique
- Asie
- Océanie
- Antarctique (surface de terre et de banquise de l'Antarctique)

24,5 Superficie en millions de km²

D465a

Les continents selon leur population (2020)

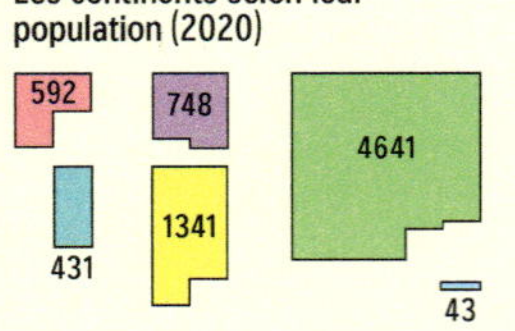

- Amérique du Nord
- Amérique du Sud
- Europe
- Afrique
- Asie
- Océanie

592 Population en millions d'habitants

D465b

2 Évolution démographique

Taux d'accroissement naturel (le taux de natalité moins le taux de mortalité en pourmille, moyenne 2010–2020)

- +20,0 à +38,3
- +10,0 à +20,0
- 0,0 à +10,0
- −6,0 à 0,0
- données indisponibles

38 Naissances pour 1000 habitants (seulement pour des États sélectionnés, moyenne 2010–2020)

Taux migratoire (en pourmille, moyenne 2010–2020)

Immigration
- plus de 0,5
- 0,0 – 0,5

Émigration
- plus de 0,5
- 0,1 – 0,5

Échelle 1 : 180 000 000

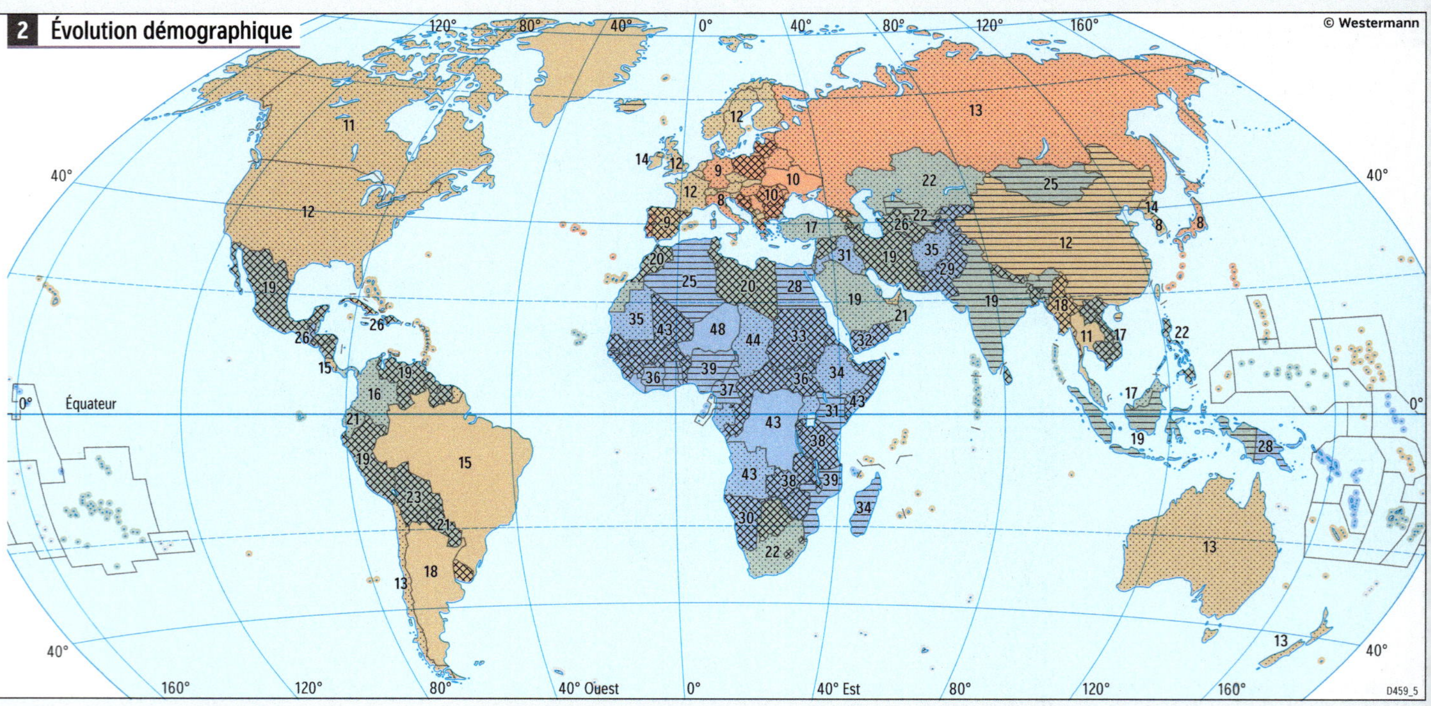

3 Espérance de vie

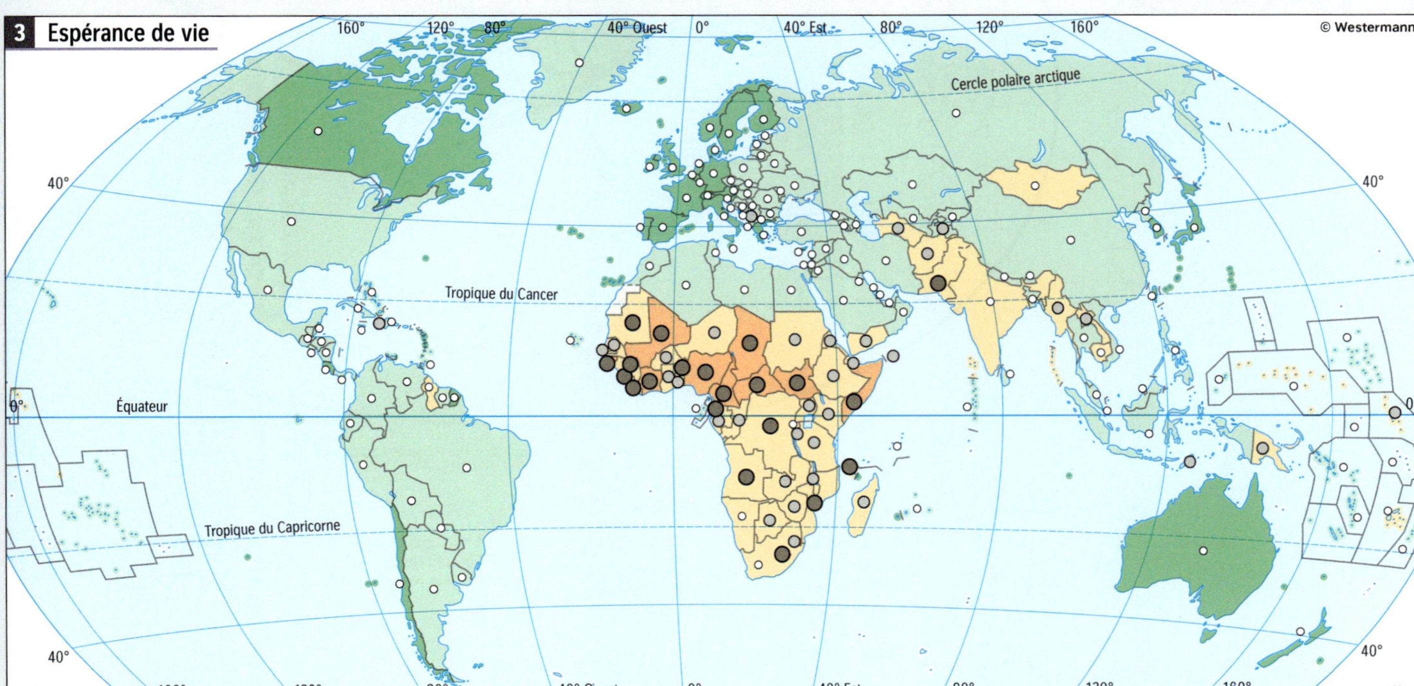

Espérance de vie à la naissance (2018)

- plus de 80
- 70 – 80
- 60 – 70
- moins de 60 ans
- données indisponibles

Moyenne mondiale : 73 ans

Mortalité infantile
(nombre de décès d'enfants de moins d'un an pour 1000 naissances vivantes, en 2018)

- plus de 50
- 30 – 50
- moins de 30

Moyenne mondiale : 29 décès (dans la première année de vie)

Échelle 1 : 180 000 000

Culture, migrations, niveau de développement, religions

1 Taille de foyers et âge au mariage dans les aires de civilisation (d'après A. Kolb et J. Newig)

Type de ménage (personnes par foyer)

2,0 – 2,6: Systèmes individuels — Prévoyance retraite plutôt auprès de l'État, plus orientée sur le matériel, plus moderne

3,0 – 3,7: Systèmes mixtes

4,0 – 5,0 – 6,0: Système de famille — Prévoyance retraite plutôt familiale (en partie dans les familles nombreuses, les clans), plus à vocation sociale, plus traditionnelle

Aires de civilisation

- **Orient** Aire de civilisation
- Limite des aires de civilisation
- Zone de transition entre les aires de civilisation
- Frontière des cultures de continents dans la zone de transition
- 2,9 Personnes par foyer dans l'aire de civilisation

Âge au mariage

Pourcentage de femmes âgées de 20 à 24 ans, qui, à 18 ans étaient mariées ou dans une relation de type conjugal :

Âge au mariage: 20–30 % bas; 30–40 % très bas; 40–75 % extrêmement bas

(moins de 20 % – âge au mariage plus élevé, non illustré)

Échelle 1 : 140 000 000

2 Migrations | La Terre

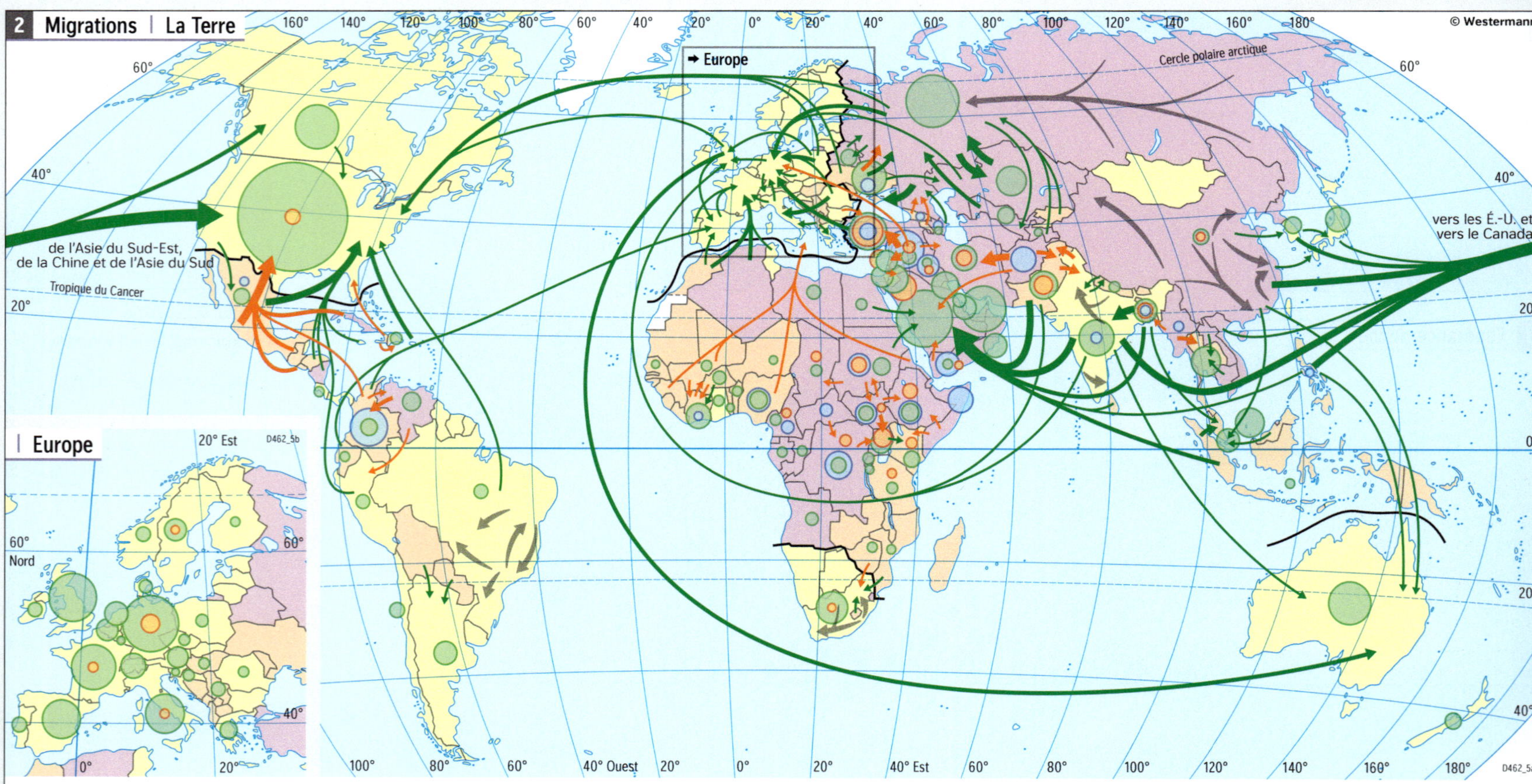

Types et objectifs de la migration

- Travailleurs immigrés (parfois avec leur famille)
- Réfugiés et demandeurs d'asile
- Personnes déplacées à l'intérieur de leur propre pays et personnes assimilées (personnes déplacées à l'intérieur d'un État en conflit)

Migrants

50 700 000; 20 000 000; 10 000 000; 5 000 000; 2 000 000; 1 000 000

(2019, représenté à partir de 250 000 personnes ; la totalité des travailleurs migrants n'est pas répertoriée uniformément à l'échelle mondiale)

Flux migratoire

- Migration internationale de demandeurs d'emploi (entre 2009 et 2019, en partie avec familles)
- Mouvement international de réfugiés (entre 2009 et 2019)
- Migration à l'intérieur des pays BRICS (Brésil, Russie, Inde, Chine, Afrique du Sud)

Droits politiques et libertés civiles (d'après Freedom House, 2020)

- protégés
- partiellement protégés
- non protégés

Renforcement des frontières

- Renforcement des frontières (murs, barbelés, surveillance électronique, patrouilles armées)

Échelle 1 : 140 000 000

3 Niveau de développement

Niveau de développement selon l'indice de développement humain (IDH, 2018)

Niger · Yémen · Nigéria · Inde · Brésil · Chine · Luxembourg · Russie · États-Unis · Norvège

très faible	bas	moyen	haut	très élevé

0 · 0,377 · 0,450 · 0,550 · 0,700 · 0,800 · 0,954 · 1

Pays en développement · Pays émergents · Pays développés

données indisponibles

Discrimination des femmes selon l'indice d'inégalité de genre (IIG, 2018)

Yémen pays le plus inégalitaire du classement (sélection)

Échelle 1 : 140 000 000

Indicateurs de l'IDH

Indice de développement humain (IDH)

PIB par habitant · Espérance de vie · Niveau d'éducation

L'IDH évalue les conditions de vie moyennes de la population totale d'un pays au regard du revenu brut, de l'espérance de vie et du niveau d'éducation par habitant.

4 Religions

Christianisme (Chrétiens)
- Catholiques
- Protestants
- Orthodoxes
- Religieux orientaux
- Coptes
- Mormons

Judaïsme
- Juifs
- Localités avec communauté juive importante

Islam (Musulmans)
- Sunnites
- Chiites
- Wahhabites

Sikhisme
- Sikhs

Hindouisme
- Hindous

Bouddhisme
- Bouddhistes (Bouddhisme du sud de Theravada et du nord du Mahayana)
- Lamaïstes

Confucianisme, Taoïsme
- Confucéens, Taoïstes

Shintoïsme
- Shintoïstes

Croyances indigènes
- Chamanistes entre autres, religions animistes

Sites religieux
- Centre de pèlerinage, centre religieux
- Régions inhabitées

Échelle 1 : 140 000 000

Mondialisation, économie

Personnes actives dans les secteurs économiques (2015)
- Industrie 30-50 %
- Industrie/Services
- Services (dominants)
- Agriculture 15-33 %
- Agriculture 33-50 %
- Agriculture, plus de 50 %
- données indisponibles

Plage de valeurs des groupes d'États

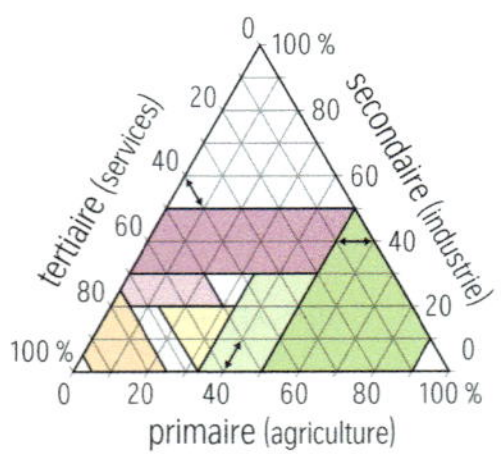

Salaire horaire dans l'industrie
(en 2012, pour les États sélectionnés)
- Pays-Bas = 100 %
- Niveau moyen des salaires de l'État

100 cases sont équivalentes à 30€/h

Centres et espaces économiques
- Centre d'importance globale
- Centre d'importance continentale
- Paradis fiscal
- Pays membres de l'OCDE (Organisation de Coopération et de Développement Économiques)

Échelle 1 : 140 000 000

Transport de fret international

Volume de fret des aéroports mondiaux (2016)

Plus de 2 Mt de fret aérien

0,5 à 2 Mt de fret aérien

Transbordement de conteneurs des ports maritimes (2016)

10 millions d'EVP *

10-20 millions d'EVP *

Plus de 20 millions d'EVP *

* équivalent vingt pieds = 33 m³ = volume d'un conteneur

Routes internationales de porte-conteneurs
- Plus de 2 mds de t par an
- Moins de 2 mds de t par an

Piraterie sur des routes de navigation maritime
- Zones de piraterie

Transport maritime de fret

en milliards de tonnes

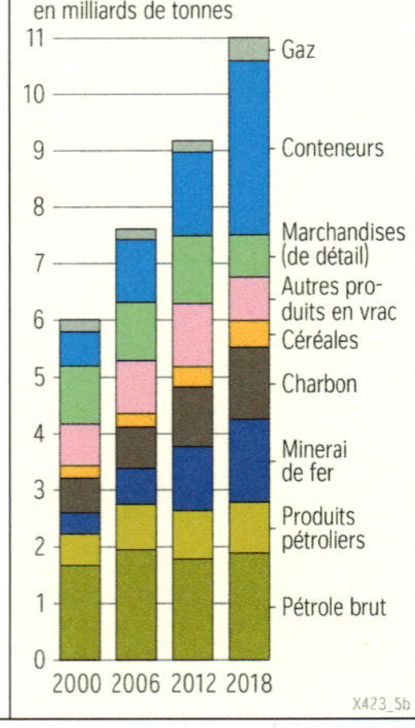

1 Économie mondialisée | La Terre

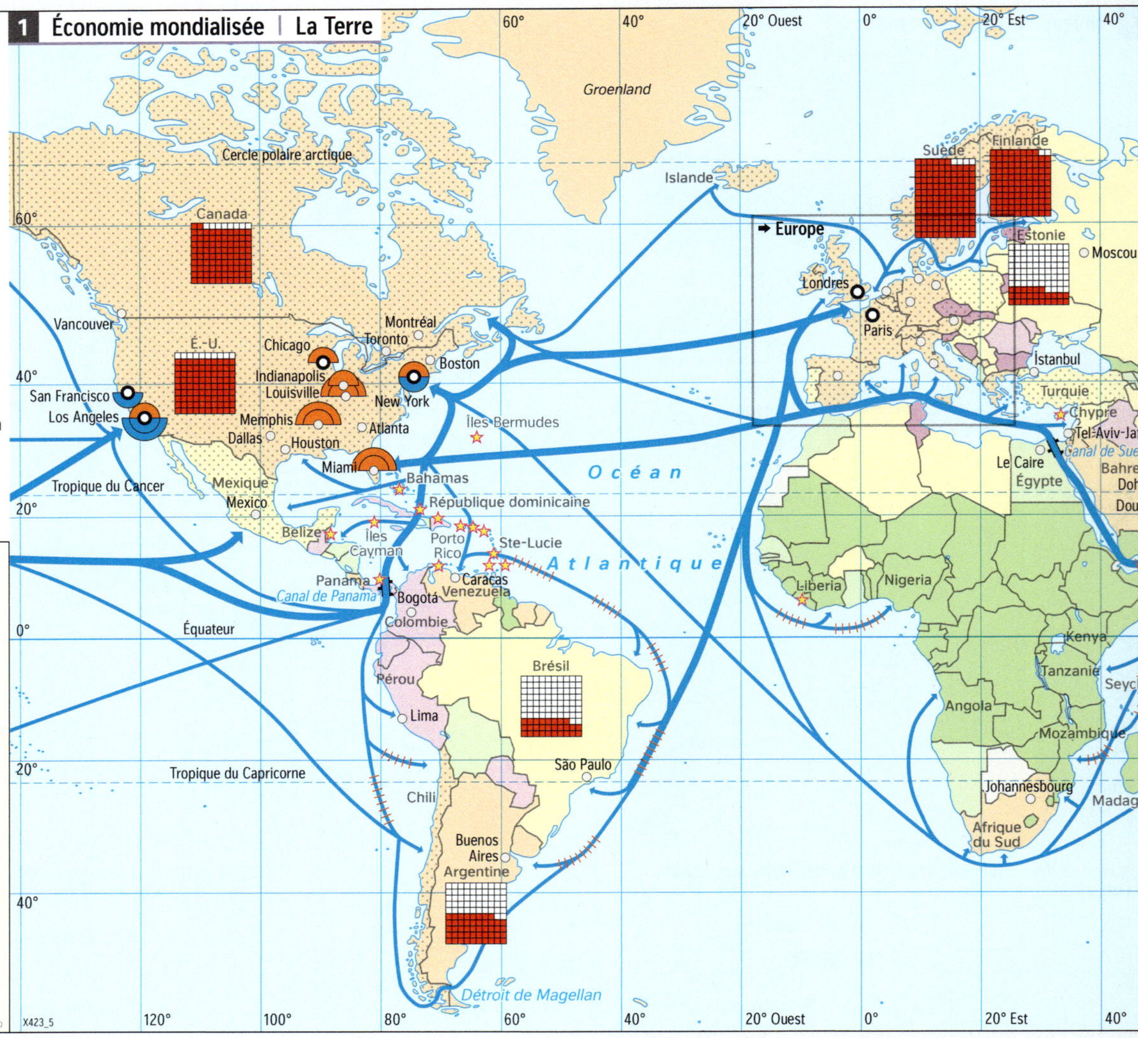

Exploitation minière

Ressources énergétiques
- Pétrole
- Houille
- Gaz naturel
- Lignite
- Uranium

Métaux industriels
- Fer
- Métaux pour alliages (chrome, manganèse, cobalt)
- Métaux non ferreux (cuivre, étain, plomb, zinc)
- Bauxite (matière première de l'aluminium)
- Métaux des terres rares (matières premières de haute technologie)

Métaux précieux
- Or
- Platine
- Argent

Pierres précieuses
- Diamants

Commerce maritime
- Houille et lignite
- Pétrole, produits pétroliers
- Minerai de fer
- Minerais de métaux non ferreux

Importance de l'exportation de ressources minérales et de leurs produits bruts (Pourcentage de l'exportation totale)
- Plus de 70 %
- 35 - 70 %
- 16 - 35 %
- 8 - 16 %
- 4 - 8 %
- Moins de 4 %
- Absence de données

Échelle 1 : 140 000 000

Consommation mondiale d'énergie primaire (pour la production d'électricité, le transport motorisé et le chauffage)

milliards de tonnes d'équivalent pétrole

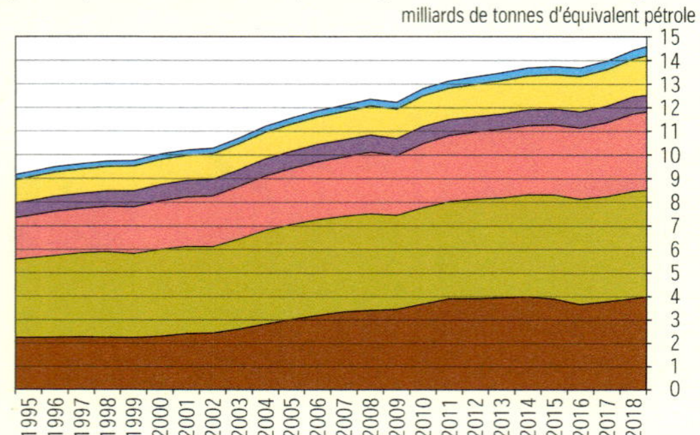

Sources d'énergie fossiles
- Charbon
- Pétrole
- Gaz naturel
- Énergie nucléaire

Sources d'énergie renouvelables
- Énergie hydraulique
- Vent, soleil, biomasse, déchet

X438_2a

2 Commerce mondial de matières premières

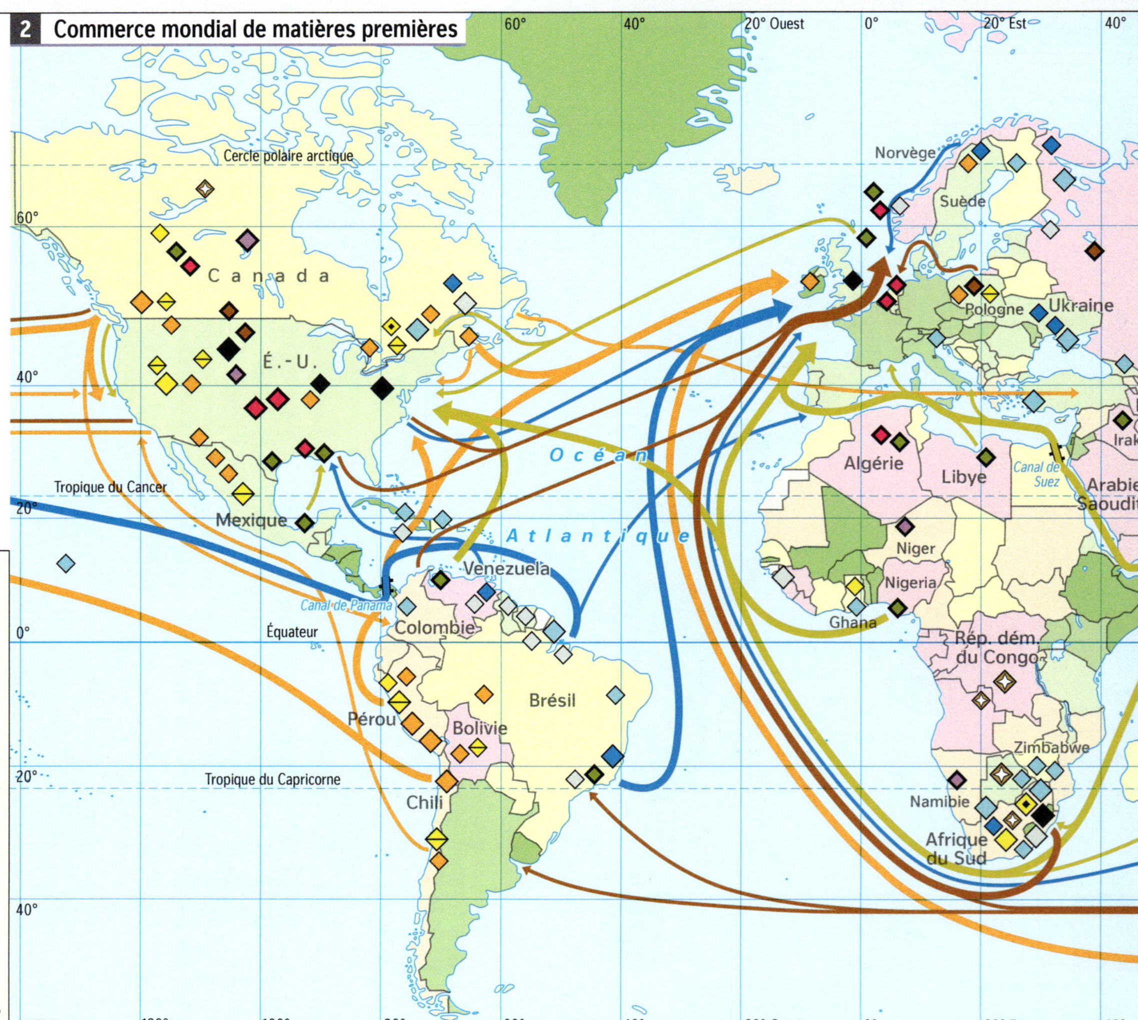

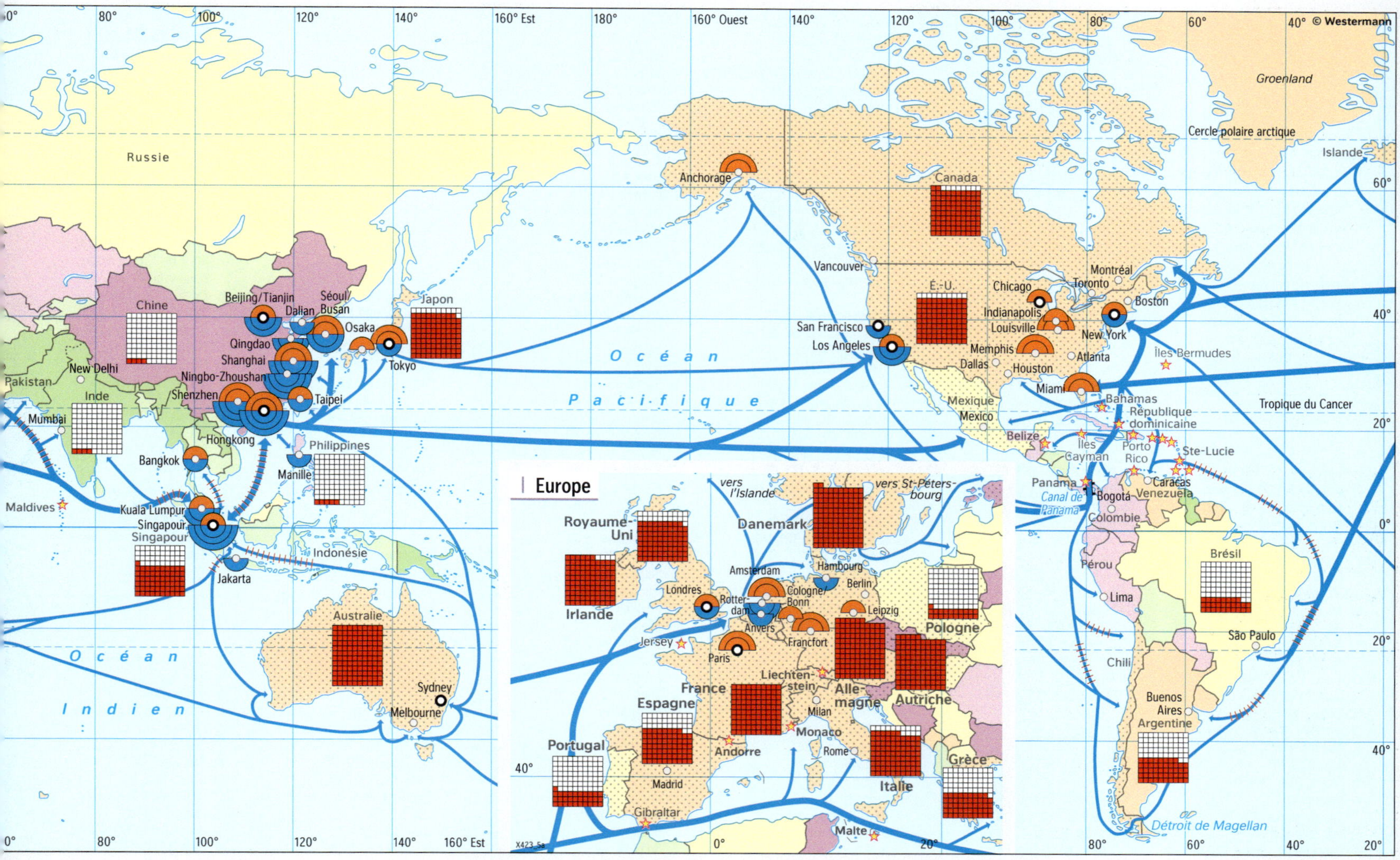
© Westermann
Russie
Chine
Beijing/Tianjin
Séoul/Busan
Dalian
Osaka
Qingdao
Shanghai
Ningbo-Zhoushan
Shenzhen
Taipei
Tokyo
Japon
Pakistan
New Delhi
Inde
Mumbai
Hongkong
Bangkok
Philippines
Manille
Maldives
Kuala Lumpur
Singapour
Singapour
Indonésie
Jakarta
Australie
Sydney
Melbourne
Océan Indien
Océan Pacifique
Anchorage
Canada
Vancouver
San Francisco
Los Angeles
É.-U.
Chicago
Indianapolis
Louisville
Memphis
Dallas
Houston
Atlanta
Miami
Montréal
Toronto
Boston
New York
Îles Bermudes
Mexique
Mexico
Belize
Bahamas
République dominicaine
Îles Cayman
Porto Rico
Ste-Lucie
Caracas
Panama
Canal de Panama
Bogotá
Venezuela
Colombie
Pérou
Lima
Brésil
São Paulo
Chili
Buenos Aires
Argentine
Détroit de Magellan
Groenland
Islande
Cercle polaire arctique
Tropique du Cancer
Europe
vers l'Islande
vers St-Pétersbourg
Royaume-Uni
Irlande
Danemark
Amsterdam
Hambourg
Berlin
Londres
Rotterdam
Cologne/Bonn
Anvers
Leipzig
Francfort
Pologne
Jersey
Paris
France
Liechtenstein
Allemagne
Autriche
Espagne
Milan
Monaco
Andorre
Rome
Grèce
Portugal
Madrid
Italie
Gibraltar
Malte
X423-5a

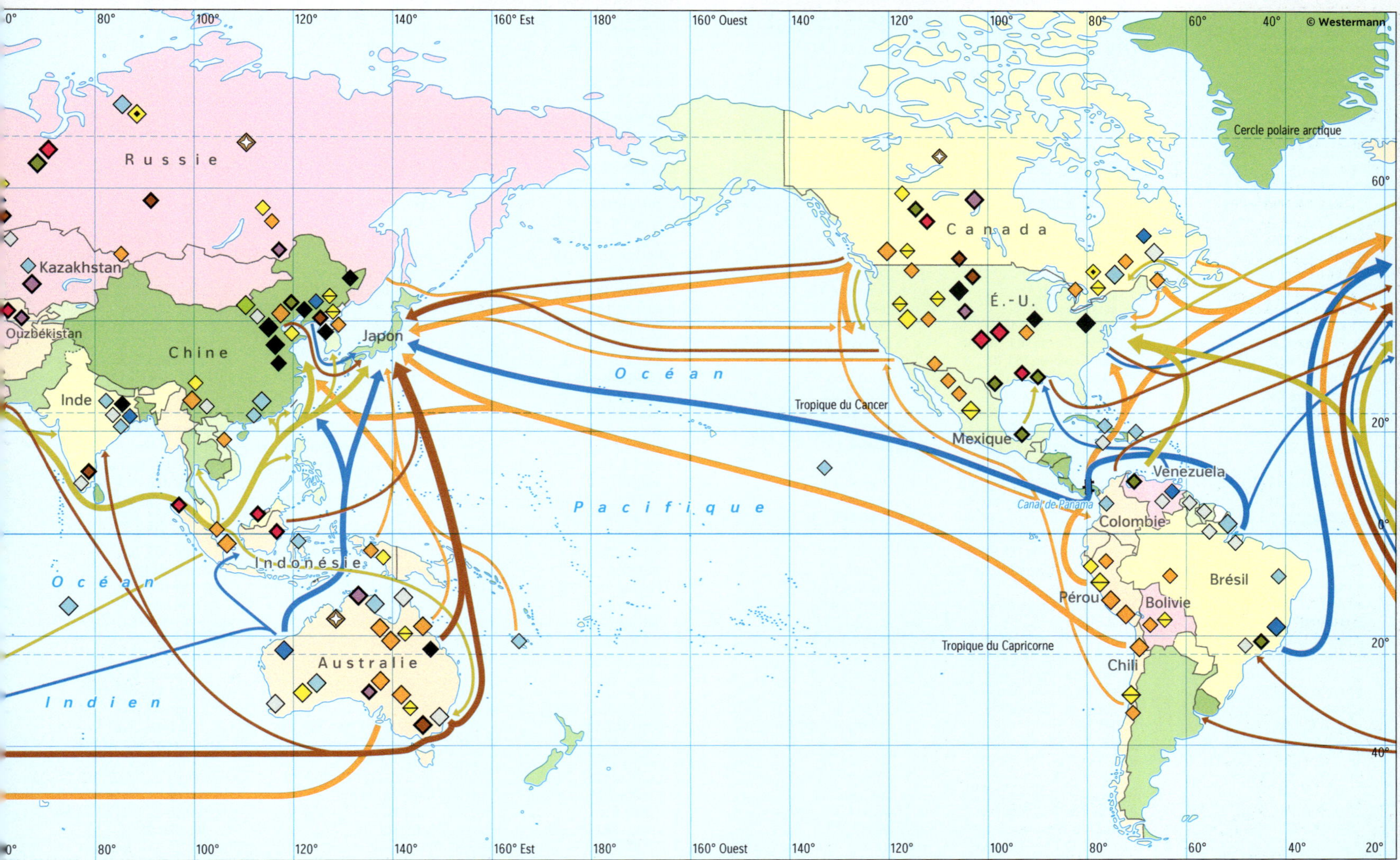
© Westermann
Russie
Kazakhstan
Ouzbékistan
Chine
Inde
Japon
Indonésie
Australie
Océan Indien
Océan Pacifique
Tropique du Cancer
Tropique du Capricorne
Cercle polaire arctique
Canada
É.-U.
Mexique
Canal de Panama
Venezuela
Colombie
Brésil
Pérou
Bolivie
Chili

□ État, unité administrative
⊙ Localité
△ Montagne, chaîne de montagnes
Paysage, île
Cours d'eau, surface aquatique
Trafic, transport
◇ Économie
Tourisme

L'index alphabétique comprend tous les noms et toutes les désignations de localités des cartes physiques et politiques de l'atlas.
Le système d'orientation comporte :
- le numéro de page de la carte en question ;
- éventuellement, un chiffre arabe indiquant le numéro de la carte ;
- une lettre majuscule indiquant la colonne dans quadrillage de la carte (lettre rouge dans la marge supérieure ou inférieure de la carte) ;
- un chiffre indiquant la rangée dans le quadrillage de la carte (chiffre rouge dans la marge gauche ou droite de la carte).

A

Abweiler **5**, C3
Aconcagua **16.1**, F7
Açores **24.1**, H3
Açores **16.1**, H4
Adana **13.1**, G5
Afghanistan **25.1**, M3–N3
Afrique **17.1**, K5–L5
Afrique du Sud **25.1**, K6–L6
Ahn **5**, D3
Aktaou **13.1**, J4
Aktöbe **13.1**, J3
Alaska **24.1**, A1–B1
Alaska **16.1**, A2–B2
Albanie **9.2**, G4–H4
Alep **13.1**, G5
Alexandrie **12.1**, F5/G5
Alger **12.1**, D5
Algérie **25.1**, J3–K3
Alicante **12.1**, C5
Allemagne **9.2**, F3–G3
Allerborn **4**, B1
Almería **12.1**, C5
Alpes **17.1**, K3
Alpes de Transylvanie **12.1**, F4
Alpes Dinariques **12.1**, E4
Alscheid **4**, B2/C2
Alsdorf **4**, D2
Altaï **17.1**, O3
Altlinster **5**, C3
Altrier **5**, D2/D3
Altwies **5**, D3
Alzette **5**, C3
Alzingen **5**, C3
Amazone **16.1**, F6–G6
Amérique centrale **16.1**, D5–E5
Amérique du Nord **16.1**, D3–E3
Amérique du Sud **16.1**, F6–G6
Amman **13.1**, G5
Ammeldingen **4**, D1
Amour **17.1**, Q3
Amsterdam **12.1**, D3
Andorre **9.2**, F4
Angelsberg **4**, C2
Ångermanälven **12.1**, E2
Angevillers **5**, C4
Angleterre **12.1**, C3
Angola **25.1**, K5–L5
Ankara **13.1**, G4/G5
Annaba **12.1**, D5
An Nadjaf **13.1**, H5
An Nasiriyah **13.1**, H5
Ansembourg **5**, C3
Antalya **12.1**, F5/G5
Antarctique **16–17.1**, F10–Q10
Antigua-et-Barbuda **24.1**, F4–G4
Anvers **12.1**, D3
Apach **5**, D4
Apennins **12.1**, D4–E4
Appalaches **16.1**, E4–F3
Ara'ar **13.1**, H5
Arabie **17.1**, L4–M4
Arabie Saoudite **25.1**, L3–M3
Ararat **13.1**, H5
Aras **13.1**, H5
Arbil **13.1**, H5
Archipel canadien **16.1**, D2–E2
Archipel Chagos **25.1**, N5–O5
Archipel de Malaisie **17.1**, P5–Q6
Archipel des Chagos **17.1**, N6–O6
Archipel des Tuamotu **16.1**, B6–C7
Ardabil **13.1**, H5
Ardennes **4**, A1–B1
Argentine **24.1**, F6–G6
Arkhangelsk **12.1**, G2/H2
Arlon **5**, B3
Arloncourt **4**, B1
Armavir **13.1**, H4
Arménie **25.1**, L2–M3
Arsdorf **4**, B2
Arzfeld **4**, D1
Ascension **24.1**, J5
Ascension **16.1**, H6/J6
Asie **17.1**, N3–P3
Asie Mineure **12–13.1**, F5–G5
Aspelt **5**, C3
Assel **5**, D3
Asselborn **4**, B1
Asselscheuer **5**, C3
As Sulaymaniyah **13.1**, H5
Astrakhan **13.1**, H4
Athènes **12.1**, F5
Athus **5**, B3
Atlas **17.1**, J4–K4
Atlas saharien **12.1**, C5–D5
Atlas tellien **12.1**, C5–D5
Attert **5**, B2/B3
Attert **5**, B3
Atyraou **13.1**, J4
Aubange **5**, B3
Audun-le-Tiche **5**, B4
Aumetz **5**, B4
Australie **25.1**, Q6–R6
Australie **17.1**, P7–R7
Autelbas **5**, B3
Autriche **9.2**, G4
Ayl **5**, E3
Azerbaïdjan **25.1**, M2–M3

B

Bagdad **13.1**, H5
Bahamas **24.1**, F3
Bahreïn **25.1**, M3
Baie de Baffin **16.1**, F2
Baie d'Hudson **16.1**, E2–E3
Baki **13.1**, H4
Bakou ➡ Baki **13.1**, H4
Baléares **9.2**, F4–F5
Baléares **12.1**, D5–D4
Balesfeld **4**, E1
Balkans **12.1**, F4
Bambësch **5**, C3
Bande de Gaza ➡ Gaza **9.2**, J5
Bangkok **17.1**, O5
Bangladesh **25.1**, O3
Barbade **24.1**, G4
Barcelone **12.1**, D4
Bari **12.1**, E4
Barren Grounds **16.1**, C2–E2
Basbellain **4**, B1
Bascharage **5**, B3
Baschleiden **4**, B2
Basse-Ham **5**, C4
Bassin amazonien **16.1**, F6–G6
Bassin argentin **16.1**, G7–H8
Bassin canarien **16.1**, H4
Bassin central indien **17.1**, N6–O6
Bassin d'Amérique du Nord **16.1**, F4–G4
Bassin d'Angola **17.1**, K6
Bassin d'Arabie **17.1**, N5
Bassin de Guinée **17.1**, J6–K6
Bassin de l'Australie méridionale **17.1**, Q7–Q8
Bassin de l'Australie nord-occidentale **17.1**, O6–P6
Bassin de l'Australie occidentale **17.1**, O7–P7
Bassin de l'Europe occidentale **16–17.1**, H3–K3
Bassin de l'Océan Indien sud-occidental **17.1**, N7–M8
Bassin de l'Océan Indien sud-oriental **17.1**, O7–P7
Bassin de Madagascar **17.1**, M7–N7
Bassin des Aiguilles **17.1**, K8–L8
Bassin des Antilles du Sud **16.1**, F9–H8
Bassin des Guyanes **16.1**, G5
Bassin des Mascareignes **17.1**, M6–N6
Bassin des Philippines **17.1**, O4–O5
Bassin de Tasmanie **17.1**, R8–R7
Bassin de Terre-Neuve **16.1**, G3–H3
Bassin du Brésil **16.1**, H6
Bassin du Cap Vert **16.1**, H5
Bassin du Chili **16.1**, E7–F7
Bassin du Congo **17.1**, K5–L6
Bassin du Kalahari **17.1**, K6–L7
Bassin du Labrador **16.1**, G3
Bassin du Natal **17.1**, L7–M7
Bassin du Pacifique austral **17.1**, T8–T7
Bassin du Pacifique central **17.1**, T5
Bassin du Pacifique nord-occidental **17.1**, R3–S4
Bassin du Pacifique nord-oriental **16.1**, A3–C4
Bassin du Pérou **16.1**, E6
Bassin du Tarim **17.1**, O3–O4
Bassin indien-antarctique **17.1**, O8–Q9
Bassin indien-atlantique-antarctique **16–17.1**, H9–M8
Bassin pacifique-antarctique **16.1**, B9–E9
Bassin parisien **12.1**, D4
Bassin somalien **17.1**, M5
Bastendorf **4**, C2
Bastogne **4**, A1
Batna **12.1**, D5
Batoumi **13.1**, H4
Battincourt **5**, B3
Baustert **4**, D2
Bavigne **4**, B2
Beaufort **4**, D2
Bech **5**, D2/D3
Béchar **12.1**, C5
Bech-Kleinmacher **5**, D3
Beckerich **5**, B3
Beidweiler **5**, D3
Beijing **17.1**, P3/P4
Beiler **4**, C1
Belaïa **13.1**, J3
Bélarus **9.2**, H3
Belém **16.1**, G6
Belfast **12.1**, C3
Belgique **9.2**, F3
Belgrade **12.1**, E4/F4
Belize **24.1**, E4
Belvaux **5**, B3
Benghazi **12.1**, E5/F5
Bénin **25.1**, K4
Benonchamps **4**, B1
Berbourg **5**, D3
Berchem **5**, C3
Berdorf **4**, D2
Bereldange **5**, C3
Berezina **12.1**, F3
Berg **5**, D3
Bergem **5**, C3
Bergen **12.1**, D2
Berg-sur-Moselle **5**, D4
Beringen **4**, C2
Berlé **4**, B2
Berlin **12.1**, E3
Bermudes **24.1**, F3
Berne **12.1**, D4
Bertrange **5**, C3
Besch **5**, D3
Bettange-sur-Mess **5**, B3
Bettborn **4**, B2
Bettel **4**, C2
Bettembourg **5**, C3
Bettendorf **4**, C2
Bettingen **4**, D2
Betzdorf **5**, D3
Beyren **5**, D3
Beyrouth **13.1**, G5
Bhoutan **25.1**, O3
Bickendorf **4**, D1/E1
Biersdorf **4**, D1
Biesdorf **4**, D2
Bigelbach **4**, D2
Bigonville **4**, B2
Bilbao **12.1**, C4
Bilsdorf **4**, B2
Binsfeld **4**, C1
Birmingham **12.1**, C3
Bissen **4**, C2
Bitburg **4**, E2
Bitburger Land **4**, D2–D1
Bivange **5**, C3
Bivels **4**, C2
Biwer **5**, D3
Biwisch **4**, B1
Blaschette **5**, C3
Blees **4**, C2
Blida **12.1**, D5
Blumenthal **5**, D3
Bockholtz (Goesdorf) **4**, B2
Bockholtz (Parc Hosingen) **4**, C1
Bœur **4**, B1
Boevange **4**, B1
Boevange-sur-Attert **4**, C2
Bofferdange **5**, C3
Boismont **5**, A4
Bolivie **24.1**, F5
Bollendorf **4**, D2
Bollendorf-Pont **4**, D2
Bologne **12.1**, E4
Bonnal **4**, B2
Bonnert **5**, B3
Bordeaux **12.1**, C4
Borg **5**, D4
Born **4**, E2
Bornéo **17.1**, P5–P6
Bornholm **12.1**, E3
Bosnie-Herzégovine **9.2**, G4
Bosphore **12.1**, F4
Botswana **25.1**, L6
Bouclier canadien **16.1**, D2–F3
Boudler **5**, D3
Boudlerbach **5**, D3
Bouh **12.1**, G4
Boulaide **4**, B2
Boulange **5**, B4
Bour **5**, C3
Bourcy **4**, B1
Bourglinster **5**, C3
Bourscheid **4**, C2
Boursdorf **4**, D2
Bous **5**, D3
Boust **5**, C4
Boxhorn **4**, B1
Brachtenbach **4**, B1
Brandenbourg **4**, C2
Bras **4**, B2
Brașov **12.1**, F4
Bratislava **12.1**, E4
Brattert **4**, B2
Brecht **4**, D2
Breidfeld **4**, C1
Breidweiler **4**, D2
Breinert **5**, D3
Breistroff-la-Grande **5**, C4
Brême **12.1**, D3
Brésil **24.1**, G5
Brest **12.1**, F3
Bretagne **12.1**, C4
Briansk **12.1**, G3
Bridel **5**, C3
Brighton **12.1**, C3
Brno **12.1**, E4
Broderbour **4**, C2
Brouch (Biwer) **5**, D3
Brouch (Helperknapp) **5**, C3
Brousse **12.1**, F4/F5
Brunéi **25.1**, P4
Bruxelles **12.1**, D3
Bucarest **12.1**, F4
București ➡ Bucarest **12.1**, F4
Budapest **12.1**, E4
Buederscheid **4**, B2
Buenos Aires **16.1**, G7
Bug **12.1**, F3
Bulgarie **9.2**, H4
Burbach **4**, E1
Burden **4**, C2
Buret **4**, B1
Burgplatz **4**, C1
Burkina Faso **25.1**, J4–K4
Burmerange **5**, D4
Bursa ➡ Brousse **12.1**, F4/F5
Burundi **25.1**, L5
Büschdorf **5**, D4
Buschdorf **5**, C2/C3
Buschrodt **4**, B2
Buvange **5**, B3

C

Cadix **12.1**, C5
Cagliari **12.1**, D5
Calmus **5**, B3
Cambodge **25.1**, P4
Cameroun **25.1**, K4
Canach **5**, D3
Canada **24.1**, D2–E2
Canal de Mozambique **17.1**, M7–M6
Canal de Suez **13.1**, G5
Canal St-Georges **12.1**, C3
Canton ➡ Guangzhou **17.1**, P4
Cap Blanc **12.1**, D5
Cap Bon **12.1**, E5
Cap Comorin **17.1**, N5
Cap de Bonne-Espérance **17.1**, K7
Cap Dejnev **17.1**, T2
Capellen **5**, B3
Cap Farvel **16.1**, G3
Cap Finisterre **12.1**, B4
Cap Guardafui **17.1**, M5
Cap Horn **16.1**, F8
Cap Kanine **12.1**, H2
Cap Nord **17.1**, L2
Cap Roca **12.1**, C5
Cap San Roque **16.1**, H6
Cap St-Vincent **12.1**, C5
Cap Tchéliouskine **17.1**, P2
Cap Ténare **12.1**, F5
Cap-Vert **24.1**, H4
Cap Vert **16.1**, H5
Cap York **17.1**, Q6
Cardiff **12.1**, C3
Carélie **12.1**, G2
Carolines **17.1**, R5
Carpates **12.1**, E4–F4
Casablanca **16.1**, J4
Catane **12.1**, E5
Cattenom **5**, C4
Caucase **17.1**, L3–M4
Cetturu **4**, B1
Ceuta **9.2**, E5
Chaîne Côtière **16.1**, C3
Chaîne de Castille **12.1**, C4
Chaîne du Rif **12.1**, C5
Chaîne pontique **13.1**, G4–H4
Chaîne Transantarctique **17.1**, R9–S9
Chang Jiang **17.1**, P4
Chenières **5**, A4/B4
Cherain **4**, B1
Chiers **5**, B3
Chili **24.1**, F6
Chine **25.1**, O3–P3
Chișinău **12.1**, F4
Chott Djerid **12.1**, D5
Chott Melrhir **12.1**, D5
Christnach **4**, D2
Chypre **9.2**, J5
Chypre **13.1**, G5
Cinqfontaines **4**, C1
Cisjordanie **9.2**, J5
Cité du Vatican **9.2**, G4
Citlaltépetl **16.1**, E5
Clairefontaine **5**, B3
Clemency **5**, B3
Clervaux **4**, C1
Clerve **4**, C2
Cluj-Napoca **12.1**, F4
Colbette **4**, D2
Colline Kneiff **4**, C1
Collines baltiques **12.1**, E3–F3
Colmar-Berg **4**, C2
Cologne **12.1**, D3
Colombie **24.1**, F4
Colpach-Bas **4**, B2
Colpach-Haut **4**, B2
Comores **25.1**, M5
Comores **17.1**, M6
Congo **17.1**, L5
Congo, République démocratique du ➡ République démocratique du Congo **25.1**, L5
Congo (République du Congo) **25.1**, K5
Consdorf **4**, D2
Constanța **12.1**, F4
Constantine **12.1**, D5
Consthum **4**, C2
Contern **5**, C3
Contz-les-Bains **5**, D4
Copenhague **12.1**, D3/E3
Cordillère australienne **17.1**, R6–R7
Cordillère des Andes **16.1**, F5–F7
Cordillères Bétiques **12.1**, C5
Cordoue **12.1**, C5
Corée **17.1**, Q4
Corée du Nord **25.1**, Q2–Q3
Corée du Sud **25.1**, Q3
Corse **9.2**, F4
Corse **12.1**, D4
Costa Rica **24.1**, E4
Côte d'Ivoire **25.1**, J4–K4
Cotopaxi **16.1**, E6
Cracovie **12.1**, E3/F3
Craiova **12.1**, F4
Crauthem **5**, C3
Crendal **4**, B1
Crète **12.1**, F5
Crête de Carlsberg **17.1**, M5–N6
Crête de l'Océan Indien central **17.1**, N6–N7
Crête de l'Océan Indien méridional **17.1**, O8–Q8
Crête de l'Océan Indien occidental **17.1**, M8–N7
Crête des Kerguelen **17.1**, N8–O8
Crête de Tasmanie **17.1**, R8
Crête de Walvis **17.1**, K6–K7
Crête d'Hawaï **16.1**, A4
Crête indien-atlantique **17.1**, J8–L8
Crimée **9.2**, J4
Crimée **13.1**, G4
Croatie **9.2**, G4
Cruchten **4**, C2
Crusnes **5**, B4
Crusnes **5**, B4
Cuba **24.1**, E3–F3
Cuba **16.1**, E4
Cutry **5**, A4

D

Dackscheid **4**, D1
Dahl **4**, B2
Dahlem **5**, B3
Dahnen **4**, C1
Dalälven **12.1**, E2
Daleiden **4**, C1
Dalheim **5**, D3
Damas **13.1**, G5
Danemark **9.2**, F3–G3
Danube **17.1**, L3
Dar es Salam **17.1**, L6/M6
Darling **17.1**, Q7–R7
Darwin **17.1**, Q6
Dasburg **4**, C1
Deiffelt **4**, B1
Deir ez Zor **13.1**, H5
Delhi **17.1**, N4
Dellen **4**, B2
Denali **16.1**, B2
Dépression caspienne **17.1**, M3
Dépression de Kouma-Manytch **13.1**, H4
Derenbach **4**, B1
Désert de Syrie **13.1**, G5–H5
Desna **12.1**, G3
Détroit de Béring **16.1**, A2
Détroit de Davis **16.1**, F2–G2
Détroit de Gibraltar **12.1**, C5
Détroit de Sicile **12.1**, E5
Détroit d'Otrante **12.1**, E4–E5
Dickweiler **4**, D2
Diego Garcia **25.1**, N5
Diekirch **4**, C2
Differdange **5**, B3
Dillingen **4**, D2
Dippach **5**, B3
Dirbach **4**, C2
Diyarbakır **13.1**, H5
Djabal el Akhdar **12.1**, F5
Djebel ed Drouz **13.1**, G5
Djerba **12.1**, E5
Djibouti **25.1**, M4
Dniepr **12.1**, G3
Dnipro **12.1**, G4
Dnipro **13.1**, G4
Dnister **12.1**, F4
Dockendorf **4**, D2
Doennange **4**, B1
Dominique **24.1**, F4
Don **13.1**, G3
Doncols **4**, B2
Dondelange **5**, C3
Donets **13.1**, G4
Donetsk **13.1**, G4
Dordogne **12.1**, D4
Dorsale de Sala-y-Gómez **16.1**, D7–E7
Dorsale du Bengale **17.1**, O7–O6
Dorsale du Chili **16.1**, D7–E8
Dorsale du Pacifique oriental **16.1**, C8–D5

Dorsale médio-atlantique **16.1**, H3–J8
Dorscheid **4**, C1
Douro **12.1**, C4
Drakensberg **17.1**, L7
Drauffelt **4**, B1/C1
Drave **12.1**, E4
Dreiborn **5**, D3
Dresde **12.1**, E3
Drinklange **4**, C1
Dublin **12.1**, C3
Dudelange **5**, C4
Dürler **4**, C1
Düsseldorf **12.1**, D3
Dvina **12.1**, F3
Dvina occidentale ➡ Daugava **12.1**, F3
Dvina septentrionale **13.1**, H2

E

Eau de Martin Moulin **4**, A1–B1
E.A.U. ➡ Émirats Arabes Unis **25.1**, M3
Èbre **12.1**, C4
Echternach **4**, D2
Echternacherbrück **4**, D2
Echtershausen **4**, D1
Édimbourg **12.1**, C3
Eft **5**, D4
Égypte **25.1**, L3
Ehlange **5**, C3
Ehlenz **4**, D1
Ehlerange **5**, B3
Ehnen **5**, D3
Ehner **5**, B3
Eifel **4**, D1–E1
Eisch **5**, B3
Eischen **5**, B3
Eisenach **4**, E2
Eisenbach **4**, C1
Eisenborn **5**, C3
Elbe **12.1**, E3
Elbrous **17.1**, L3
El Djelfa **12.1**, D5
Ell **4**, B2
Ellange **5**, D3
El Salvador **24.1**, E4
Elvange (Beckerich) **5**, B3
Elvange (Schengen) **5**, D3
Emerange **5**, D4
Émirats Arabes Unis **25.1**, M3
Ems **12.1**, D3
Engels **13.1**, H3
Enscherange **4**, B2
Entrange **5**, C4
Enz **4**, D2
Eppeldorf **4**, C2
Équateur **24.1**, E5
Erevan **13.1**, H4
Ermsdorf **4**, C2
Ernster **5**, C3
Ernz Blanche **4**, C2
Ernzen (Allemagne) **4**, D2
Ernzen (Luxembourg) **4**, C2
Ernz Noire **5**, D2
Erpeldange (Bous) **5**, D3
Erpeldange-sur-Sûre **4**, C2
Erpeldange (Wolz) **4**, B2
Errouville **5**, B4
Ersange **5**, D3
Érythrée **25.1**, L4–M4
Erzurum **13.1**, H4/H5
Eschdorf **4**, B2
Escherange **5**, C4
Eschette **4**, B2
Eschfeld **4**, C1
Esch-sur-Alzette **5**, B3/B4
Esch-sur-Sûre **4**, B2
Eschweiler (Junglinster) **5**, D3
Eschweiler (Wolz) **4**, B2
Eselborn **4**, B1/C1
Eskişehir **12.1**, F5/G5
Espagne **9.2**, E5
Essingen **4**, C2
Estonie **9.2**, H3
Eswatini **25.1**, L6
États-Unis d'Amérique **24.1**, D2–E3
Éthiopie **25.1**, L4–M4
Etna **12.1**, E5
Ettelbruck **4**, C2
Eubée **12.1**, F5
Euphrate **13.1**, H5
Euphrate occidentale **13.1**, G5–H5
Euphrate oriental **13.1**, H5
Europe **17.1**, K3–M3
Euscheid **4**, D1
Everlange **4**, B2
Évrange **5**, C3/C4

F

Faha **5**, D3
Fennange **5**, C3
Fentange **5**, C3
Fernando de Noronha **24.1**, H5
Ferschweiler **4**, D2
Fès **12.1**, C5
Feulen / Feuerscheid **4**, D1
Fidji **25.1**, S5
Fillières **5**, B4
Filsdorf **5**, C3
Findel **5**, C3
Fingig **5**, B3
Finlande **9.2**, H2
Finsterthal **4**, C2
Fisch **5**, D3
Fischbach (Clervaux) **4**, C1
Fischbach (Mersch) **5**, C3
Fixem **5**, D4
Flaxweiler **5**, D3
Fließem **4**, E1
Florence **12.1**, E4
Foetz **5**, C3
Folkendange **4**, C2
Folschette **4**, B2
Fosse de Java **17.1**, P6
Fosse de Kermadec **17.1**, T7
Fosse de l'Atacama **16.1**, F6–F7
Fosse des Aléoutiennes **16.1**, A3–B3
Fosse des Mariannes **17.1**, R4–R5
Fosse des Philippines **17.1**, Q5
Fosse des Tonga **17.1**, T7–T6
Fosse du Japon **17.1**, R4
Fosse du Pérou-Chili **16.1**, E6–F6
Fouhren **4**, C2
Foy **4**, A1
France **9.2**, F4
Francfort **12.1**, D3
Frassem **5**, B3
Freckeisen **4**, D2
Freudenburg **5**, E3
Freylange **5**, B3
Frisange **5**, C3

G

Gabon **25.1**, K5
Gaichel **5**, B3
Gambie **24.1**, H4–J4
Gäncä **13.1**, H4
Gander **5**, C3
Gange **17.1**, O4
Garnich **5**, B3
Garonne **12.1**, D4
Gavisse **5**, D4
Gaybach **4**, D2
Gaza **9.2**, J5
Gaza **13.1**, G5
Gaziantep **13.1**, G5
Gdańsk **12.1**, E3
Geichlingen **4**, D2
Gênes **12.1**, D4
Genève **12.1**, D4
Géorgie **25.1**, L2–M2
Géorgie du Sud **24.1**, H7
Géorgie du Sud **16.1**, H8
Geyershof **4**, D2
Ghana **25.1**, J4–K4
Gibraltar **9.2**, E5
Giesdorf **4**, D1
Gijón **12.1**, C4
Gilsdorf **4**, C2
Gilzem **4**, E2
Ginzebierg **5**, C4
Girst **4**, D2
Girsterklaus **4**, D2
Givenich **5**, D3
Glabach **4**, C2
Glasgow **12.1**, C3
Glomma **12.1**, E2
Gobi **17.1**, P3
Godbrange **5**, C3
Godendorf **4**, D2/E2
Goebelsmuehle **4**, C2
Goeblange **5**, B3
Goedange **4**, B1/C1
Goesdorf **4**, B2
Goetzingen **5**, B3
Golfe de Botnie **12.1**, E2–F2
Golfe de Finlande **12.1**, F2–F3
Golfe de Gabès **12.1**, E5
Golfe de Gascogne **12.1**, C4
Golfe de Gênes **12.1**, D4–E4
Golfe de Guinée **17.1**, J5–K5
Golfe de Riga **12.1**, F3
Golfe de Syrte **12.1**, E5
Golfe d'İskenderun **13.1**, G5
Golfe du Bengale **17.1**, O5
Golfe du Lion **12.1**, D4
Golfe du Mexique **16.1**, E4
Gomel ➡ Homel **12.1**, G3
Gonderange **5**, C3/D3
Gosseldange **5**, C3
Gostingen **5**, D3
Göta älv **12.1**, E3
Göteborg **12.1**, D3/E3
Gotland **12.1**, E3
Gouvy **4**, B1
Gralingen **4**, C2
Gran Chaco **16.1**, F7–G6
Grand Désert Arabique ➡ Roub-al-Khali **17.1**, M5
Grand Désert de Sable **17.1**, Q6–Q7
Grand Désert de Victoria **17.1**, P7–Q7
Grande Baie australienne **17.1**, Q7
Grande Plaine hongroise **12.1**, F4
Grandes Antilles **16.1**, E4–F5
Grandes Plaines **16.1**, D4–D3
Gran Sasso **12.1**, E4
Grass **5**, B3
Graulinster **5**, D3
Graz **12.1**, E4
Grèce **9.2**, H5
Greimelscheid **4**, D1
Greisch **5**, B3
Greiveldange **5**, D3
Grenade **24.1**, F4
Gréngewald **5**, C3
Grevels **4**, B2
Grevenknapp **4**, C2
Grevenmacher **5**, D3
Grindhausen **4**, C1
Groenland **24.1**, G1–H1
Groenland **16.1**, G2–H2
Grosbous **4**, B2
Großglockner **12.1**, E4
Großkampenberg **4**, C1
Grozny **13.1**, H4
Gruemelscheid **4**, B2
Grundhof **4**, D2
Guadalquivir **12.1**, C5
Guadalupe **24.1**, C3–D3
Guadeloupe **24.1**, F4–G4
Guadiana **12.1**, C5
Guam **25.1**, R4
Guangzhou **17.1**, P4
Guatemala **24.1**, E4
Guinée **24.1**, J4
Guinée-Bissau **24.1**, H4–J4
Guinée Équatoriale **25.1**, K4
Guirsch **5**, B3
Gutland **5**, C3–D3
Guyana **24.1**, F4–G4
Guyane Française **24.1**, G4

H

Habscheid **4**, D1
Hachiville **4**, B1
Hagelsdorf **5**, D3
Hagen **5**, B3
Haifa **13.1**, G5
Haïti **24.1**, F3–F4
Halanzy **5**, A3
Haller **4**, D2
Halstroff **5**, D4
Hamadan **13.1**, H5
Hambourg **12.1**, D3/E3
Hamiville **4**, B1
Hanovre **12.1**, D3
Hardigny **4**, B1
Harlange **4**, B2
Hassel **5**, C3
Haucourt-Moulaine **5**, B4
Haut Atlas **12.1**, C5
Hautbellain **4**, B1
Hautcharage **5**, B3
Haute-Kontz **5**, D4
Hautes Terres d'Écosse **12.1**, C3
Hauteurs de Russie septentrionale **13.1**, H3–J2
Hauteurs de Timan **13.1**, H2–J2
Haut-Martelange **4**, B2
Haut Plateau du Mexique **16.1**, D4–E4
Hauts-Plateaux des Chotts **12.1**, C5–D5
Havange **5**, B4
Hawaï **24.1**, B3–B4
Heard et McDonald, Îles ➡ Îles Heard et McDonald **25.1**, N7
Hébrides **12.1**, C3
Heckhalenfeld **4**, C1
Heckhuscheid **4**, C1
Heffingen **4**, C2
Heiderscheid **4**, B2
Heiderscheidergrund **4**, B2
Heilbach **4**, D1
Heilenbach **4**, D1
Heinerscheid **4**, C1
Heinsch **5**, A3
Heisdorf (Allemagne) **4**, D1
Heisdorf (Luxembourg) **5**, C3
Heispelt **4**, B2
Hekla **12.1**, B2
Helenenberg **4**, E2
Helfant **5**, D3
Hellange **5**, C3
Helmdange **5**, C3
Helmsange **5**, C3
Helperknapp **4–5**, B2/C2
Helsinki **12.1**, F2
Hemstal **5**, D3
Herborn **5**, D3
Hersberg **4**, D2
Herserange **5**, B3
Hesperange **5**, C3
Hettange-Grande **5**, C4
Hierheck **4**, B2
Himalaya **17.1**, N4–O4
Hindou Kouch **17.1**, N4
Hinkel **4**, E2
Hivange **5**, B3
Hobscheid **5**, B3
Hoesdorf **4**, C2/D2
Hoffelt **4**, B1
Hoggar **17.1**, K4
Hollenfels **5**, C3
Holler **4**, C1
Holsthum **4**, D2
Holtz **4**, B2
Holzem **5**, B3
Holzthum **4**, C2
Homel **12.1**, F3/G3
Homs **13.1**, G5
Hondelange **5**, B3
Honduras **24.1**, E4
Hongrie **9.2**, G4–H4
Honshu **17.1**, R4
Hoscheid **4**, C2
Hoscheid-Dickt **4**, C2
Hosingen **4**, C1
Hostert (Niederanven) **5**, C3
Hostert (Rambrouch) **4**, B2
Houffalize **4**, B1
Hovelange **5**, B3
Howald **5**, C3
Hrodna **12.1**, F3
Huang He **17.1**, P3–P4
Huettermuehle **5**, D3
Huldange **4**, C1
Humber **12.1**, D3
Huncherange **5**, C3
Hunsdorf **5**, C3
Hunting **5**, D4
Hupperdange **4**, C1
Hussigny-Godbrange **5**, B4
Huttange **5**, B3
Hütterscheid **4**, D2
Hüttingen **4**, D2
Hvannadalshnúkur **12.1**, B2

I

Iaroslavl **13.1**, G3
Iași **12.1**, F4
Iekaterinbourg **13.1**, K3
Iénisseï **17.1**, O2–O3
Ijevsk **13.1**, J3
Île Amsterdam **25.1**, N6–O6
Île aux Ours **9.2**, G1
Île Bouvet **25.1**, K7
Île Bouvet **17.1**, K8
Île Campbell **17.1**, S8
Île Chatham **17.1**, S8
Île Christmas **25.1**, P5
Île Christmas ➡ Kiritimati **16.1**, A5
Île Clipperton **24.1**, D4
Île Clipperton **16.1**, D5
Île Cocos **24.1**, E4
Île de Baffin **16.1**, F2
Île de Pâques **24.1**, D6
Île de Pâques **16.1**, D7–E7
Île Gough **24.1**, J7
Île Howland **24.1**, A4
Île Jarvis **24.1**, A4–B4
Île Johnston **24.1**, A4
Île Lord Howe **25.1**, R6–S6
Île Macquarie **25.1**, R7–S7
Île Marcus **25.1**, R3–S3
Île Norfolk **25.1**, S6
Île Okinotori ➡ Pareca Vela **25.1**, Q3–Q4
Îles Åland **9.2**, G2–H2
Îles Åland **12.1**, E2–F3
Îles Aléoutiennes**16.1**, A3
Îles Andaman **25.1**, O4
Îles Andaman **17.1**, O5
Îles Anglo-Normandes **9.2**, E4
Îles Anglo-Normandes **12.1**, C4
Îles Auckland **25.1**, R7–S7
Îles Bermudes **16.1**, F4
Îles Bonin **25.1**, R3
Îles Bounty **25.1**, S7
Îles Britanniques **17.1**, J3–K3
Îles Caïmans **24.1**, E3–F3
Îles Canaries **24.1**, H3–J3
Îles Canaries **16.1**, H4–J4
Îles Chatham **24.1**, A7
Îles Chatham **16.1**, A8
Îles Cocos **25.1**, O5
Îles Cocos **17.1**, O6
Îles Cook **24.1**, A5–B5
Îles Crozet **25.1**, M7
Îles de la Société **16.1**, B6–B7
Îles Desventuradas **24.1**, E6–F6
Îles du Cap Vert **16.1**, H5
Îles Falkland **24.1**, G7
Îles Falkland **16.1**, F8–G8
Îles Féroé **9.2**, E2
Îles Féroé **12.1**, C2
Îles Fidji **17.1**, S6
Îles Galápagos **24.1**, D5–E5
Îles Galápagos **16.1**, E6
Îles Hawaï **16.1**, B4
Îles Heard et McDonald **25.1**, N7
Îles Ioniennes **12.1**, E5–F5
Îles Juan-Fernández **24.1**, E6–F6
Îles Kerguelen **25.1**, N7
Îles Kerguelen **17.1**, N8
Îles Kermadec **24.1**, A6
Îles Malouines ➡ Îles Falkland **16.1**, F8–G8
Îles Mariannes du Nord **25.1**, R3–R4
Îles Marion-et-du-Prince-Édouard **25.1**, L7
Îles Marshall **25.1**, R4–S4
Îles Marshall **17.1**, S5
Îles Midway **24.1**, A3
Îles Nansei **25.1**, Q3
Îles Nicobar **25.1**, O4
Îles Nicobar **17.1**, O5
Îles Orcades **12.1**, C3–D3
Îles Phoenix **17.1**, T6
Îles Pitcairn **24.1**, C6
Îles Revillagigedo **24.1**, D4
Îles Salomon **25.1**, S5
Îles Salomon **17.1**, R6–S6
Îles Sandwich du Sud **16.1**, H8–J8
Îles Scilly **12.1**, C4
Îles Shetland **12.1**, C2
Îles Turks-et-Caicos **24.1**, F3–G3
Îles Volcano **25.1**, R3
Imbringen **5**, C3
Indalsälven **12.1**, E2
Inde **25.1**, N3–O4
Inde **17.1**, N4–O4
Indonésie **25.1**, P5–Q5
Indus **17.1**, N4
Ingeldorf **4**, C2
Ingendorf **4**, D2
Insenborn **4**, B2
Iran **25.1**, M3
Iraq **25.1**, M3
Irlande **9.2**, E3
Irlande **12.1**, C3
Irrel **4**, D2
Irrhausen **4**, C1
Irsen **4**, C1
Irtych **17.1**, N3
Islande **9.2**, C2–D2
Islande **16.1**, H2–J2
Islek **4**, C1–D1
Israël **25.1**, L3
İstanbul **12.1**, F4
Italie **9.2**, G4
Itzig **5**, C3
Ivanovo **13.1**, H3
İzmir **12.1**, F5

J

Jaïyk ➡ Oural **13.1**, J3–J4
Jamaïque **24.1**, E4–F4
Jan Mayen **9.2**, E1
Japon **25.1**, Q3–R3
Java **17.1**, P6
Jérusalem **13.1**, G5
Johannesbourg **17.1**, K7/L7
Jordanie **25.1**, L3–M3
Júcar **12.1**, C5
Jucken **4**, C1
Junglinster **5**, D3
Jura **12.1**, D4
Jutland **12.1**, D3
Jytomyr **12.1**, F3

K

Kahler **5**, B3
Kalaallit Nunaat ➡ Groenland **24.1**, G1–H1
Kalborn **4**, C1
Kaliningrad **12.1**, E3/F3
Kalkesbach **4**, D2
Kaluga **13.1**, G3
Kama **13.1**, J3
Kamtchatka **17.1**, S3–R3
Kamychine **13.1**, H3/H4
Kanfen **5**, C4
Kapweiler **5**, B3
Karbala **13.1**, H5
Karlshausen **4**, C1
Katowice **12.1**, E3
Kattegat **12.1**, E3
Kaundorf **4**, B2
Kautenbach **4**, C2
Kayl **5**, C4
Kayseri **13.1**, G5
Kazakhstan **25.1**, M2–N2
Kazan **13.1**, H3
Kehlen **5**, C3
Kehmen **4**, C2
Keispelt **5**, C3
Kénitra **12.1**, C5
Kenya **25.1**, L4–M4
Kerling-lès-Sierck **5**, D4
Kermanchah **13.1**, H5
Kharkiv **13.1**, G3/G4
Kherson **12.1**, G4
Khopior **13.1**, H3
Kiev ➡ Kyïv **12.1**, G3
Kilimandjaro **17.1**, L6
Kinshasa **17.1**, K6
Kirf **5**, D3
Kirghizistan **25.1**, N2–O2
Kiribati **24.1**, A5
Kiribati **17.1**, S5
Kiritimati **16.1**, A5
Kirkuk **13.1**, H5
Kirov **13.1**, H3
Kirschnaumen **5**, D4
Kızılırmak **13.1**, G5
Klarälven **12.1**, E2
Kleinbettingen **5**, B3
Knaphoscheid **4**, B1
Kobenbour **4–5**, D2
Kockelscheuer **5**, C3
Koedange **5**, C3
Kœnigsmacker **5**, D4
Koerich **5**, B3
Koetschette **4**, B2
Kola **17.1**, L2
Kolgouïev **13.1**, H2

Konda **13.1**, K2
Konya **13.1**, G5
Kopstal **5**, C3
Körperich **4**, D2
Kosovo **9.2**, H4
Kostroma **13.1**, H3
Kouban **13.1**, G4–H4
Kouma **13.1**, H4
Koura **13.1**, H4
Koursk **13.1**, G3
Koutaïsi **13.1**, H4
Koweït **25.1**, M3
Koxhausen **4**, C2
Kraków ➡ Cracovie **12.1**, E3/F4
Krasnodar **13.1**, G4
Krautscheid **4**, D1
Kréckelsbierg **5**, D3
Kreuzweiler **5**, D3
Kruchten **4**, D2
Kryvy Rih **12.1**, G4
Kuborn **4**, B2
Kyïv **12.1**, G3
Kyll **4**, E1
Kyllwald **4**, E1

L

Labrador **16.1**, F3
Lac Baïkal **17.1**, P3
Lac de la Haute Sûre **4**, B2
Lac des Tchoudes **12.1**, F3
Lac de Van **13.1**, H5
Lac d'Urmia **13.1**, H5
Lac Inari **12.1**, F2
Lac Ladoga **17.1**, L2
Lac Mälar **12.1**, E3
Lac Onega **12.1**, G2
La Corogne **12.1**, B4/C4
Lac Supérieur **16.1**, E3–F3
Lac Tuz **13.1**, G5
Lac Väner **12.1**, E3
Lac Vätter **12.1**, E3
Lac Victoria **17.1**, L6
Lahr **4**, D2
Lakshadweep **25.1**, N4
Lamadelaine **5**, B3
La Manche **12.1**, C4–C3
Lampedusa **12.1**, E5
Landscheid **4**, C2
Land's End **12.1**, C3
Langsur **5**, D3/E3
Lannen **4**, B2
La Nouvelle-Orléans **16.1**, E4
Laos **25.1**, P3–P4
La Paz **16.1**, F6
Laponie **12.1**, E2–F2
Larochette **4**, C2
Lasauvage **5**, B3
Lascheid **4**, C1
Lasel **4**, D1
Lattaquié **13.1**, G5
Le Caire **17.1**, L4
Le Cap **17.1**, K7
Leeds **12.1**, C3
Leidenborn **4**, C1
Leipzig **12.1**, E3
Leithum **4**, C1
Lellig **5**, D3
Lellingen **4**, C2
Léna **17.1**, Q2
Lengeler **4**, C1
Lenningen **5**, D3
Lesbos **12.1**, F5
Lesotho **25.1**, L6
Lettonie **9.2**, H3
Leudelange **5**, C3
Levelange **5**, B3
Lexy **5**, A3/A4
Liban **25.1**, L3
Liban **13.1**, G5
Libéria **24.1**, J4
Libye **25.1**, K3–L3
Lichtenborn **4**, D1
Lichtenborner Höhe **4**, D1
Liechtenstein **9.2**, F4/G4
Liefrange **4**, B2
Lieler **4**, C1
Lille **12.1**, D3
Limerlé **4**, B1
Limpach **5**, B3
Lindesnes **12.1**, D3
Linger **5**, B3
Lintgen **5**, C3
Lipetsk **13.1**, G3
Lipperscheid **4**, C2
Lisbonne **12.1**, B5/C5
Lituanie **9.2**, H3
Livange **5**, C3
Liverpool **12.1**, C3
Ljubljana **12.1**, E4
Ljusnan **12.1**, E2
Llanos **16.1**, F5
Łódź **12.1**, E3
Lofoten **12.1**, E2
Loire **12.1**, D4
Londres **12.1**, C3/D3
Longeau **5**, B3
Longlaville **5**, B3
Longsdorf **4**, C2
Longvilly **4**, B1
Longwy **5**, A3/B3
Lorentzweiler **5**, C3
Louhansk **13.1**, G4
Lule älv **12.1**, F2
Lullange **4**, B1
Lultzhausen **4**, B2
Lünebach **4**, D1
Lutrebois **4**, A2
Lutremange **4**, A2/B2
Lützkampen **4**, C1
Luxembourg **5**, C3
Luxembourg **9.2**, F4
Lviv **12.1**, F3/F4
Lvov ➡ Lviv **12.1**, F4
Lyon **12.1**, D4

M

Mabompré **4**, A1
Macédoine du Nord **9.2**, H4
Machtum **5**, D3
Mackenzie **16.1**, C2–D3
Madagascar **25.1**, M5–M6
Madagascar **17.1**, M7–M6
Madère **24.1**, J3
Madère **16.1**, H4–J4
Madrid **12.1**, C4
Mageret **4**, B1
Magnitogorsk **13.1**, J3
Majorque **12.1**, D5
Makhatchkala **13.1**, H4
Málaga **12.1**, C5
Malaisie **25.1**, P4
Malatya **13.1**, G5
Malawi **25.1**, L5
Maldives **25.1**, N4
Maldives **17.1**, N5–O5
Mali **25.1**, J4–K4
Malling **5**, D4
Malmö **12.1**, E3
Malouines ➡ Îles Falkland **24.1**, G7
Malpelo **24.1**, E4
Malte **9.2**, G5
Malte **12.1**, E5
Mamer **5**, C3
Mamer **5**, B3
Man **9.2**, E3
Manchester **12.1**, C3
Mandchourie **17.1**, Q3
Manderen **5**, D4
Mannebach **5**, D3/E3
Manternach **5**, D3
Marais du Prypiats **12.1**, F3
Marburg **4**, C1
Mariannes **17.1**, R4–R5
Marica **12.1**, F4
Marienthal **5**, C3
Marion-et-du-Prince-Edouard, Îles ➡ Îles Marion-et-du-Prince-Edouard **25.1**, L7
Marioupol **13.1**, G4
Marnach **4**, C1
Maroc **25.1**, J3–K3
Marscherwald **5**, D2
Marseille **12.1**, D4
Marshall, Îles ➡ Îles Marshall **25.1**, R4–S4
Martelange **4**, A2
Martinique **24.1**, F4–G4
Mascareignes **17.1**, M7–N7
Masseler **4**, C2
Massif Central **12.1**, D4
Massif des Guyanes **16.1**, F5–G5
Massif éthiopien **17.1**, L5–M5
Maulusmuehle **4**, B1/C1
Maurice **25.1**, M5–N5
Mauritanie **24.1**, J3–J4
Mayotte **25.1**, M5
Mecher (Clervaux) **4**, B1/C1
Mecher (Lac de la Haute-Sûre) **4**, B2
Meckel **4**, E2
Medernach **4**, C2
Medingen **5**, C3
Meispelt **5**, C3
Meknès **12.1**, C5
Mékong **17.1**, P5
Mélanésie **17.1**, Q5–S6
Melilla **9.2**, E5
Melitopol **13.1**, G4
Menningen **4**, D2
Mensdorf **5**, D3
Mer Adriatique **12.1**, E4
Mer Baltique **17.1**, K3–L2
Mer Blanche **12.1**, G2
Mer Caspienne **17.1**, M3–M4
Mercy-le-Bas **5**, B4
Mer d'Azov **13.1**, G4
Mer de Barents **17.1**, L2–M2
Mer de Beaufort **16.1**, A2–B2
Mer de Béring **17.1**, S2–S3
Mer de Chine méridionale **17.1**, P5
Mer de Chine orientale **17.1**, Q4
Mer de Corail **17.1**, R6
Mer de Kara **17.1**, N2–O2
Mer de l'Est ➡ Mer du Japon **17.1**, Q3–Q4
Mer de Marmara **12.1**, F4
Mer de Norvège **17.1**, J2–K2
Mer de Ross **17.1**, S9
Mer des Antilles **16.1**, E5–F5
Mer des Caraïbes ➡ Mer des Antilles **16.1**, E5–F5
Mer de Sibérie orientale **17.1**, R2–S2
Mer des Laptev **17.1**, P2–Q2
Mer des Sargasses **16.1**, F4
Mer de Tasman **17.1**, R7–S7
Mer de Weddell **16.1**, G9–H9
Mer d'Irlande **12.1**, C3
Mer d'Okhotsk **17.1**, R3
Mer d'Oman **17.1**, M5–N5
Mer du Japon **17.1**, Q3–R3
Mer du Nord **17.1**, J2–K3
Mer Égée **12.1**, F5
Mer Ionienne **12.1**, E5–F5
Merkholtz **4**, B2
Mer Méditerranée **17.1**, K4–L4
Mer Morte **13.1**, G5
Mer Noire **17.1**, L3
Mer Rouge **17.1**, L4–M5
Mersch **5**, C2/C3
Merscheid (Esch-sur-Sûre) **4**, B2
Merscheid (Putscheid) **4**, C2
Merschweiller **5**, D4
Mersin **13.1**, G5
Mertert **5**, D3
Mer Tyrrhénienne **12.1**, E4–E5
Mertzig **4**, C2
Merzkirchen **5**, D3
Mesenich **5**, E3
Mésopotamie **17.1**, L4–M4
Mess **5**, C3
Messancy **5**, B3
Messerich **4**, D2
Messine **12.1**, E5
Mettendorf **4**, D2
Metzdorf **5**, E2/E3
Meuse **12.1**, D4
Mexico **16.1**, D4/E5
Mexique **24.1**, D3–E3
Mexy **5**, B3/B4
Meysembourg **4**, C2
Mezen **13.1**, H2
Miass **13.1**, J3/K3
Michamps **4**, B1
Michelau **4**, C2
Michelbouch **4**, C2
Micronésie **25.1**, R4
Micronésie **17.1**, R5–S5
Milan **12.1**, D4
Minorque **12.1**, D5
Minsk **12.1**, F3
Misourata **12.1**, E5
Mississippi **16.1**, E4
Missouri **16.1**, D3
Moersdorf **5**, D3/E3
Moesdorf **4**, C2
Moestroff **4**, C2
Moinet **4**, B1
Moldavie **9.2**, H4–J4
Mompach **5**, D2/D3
Monaco **9.2**, F4
Mondercange **5**, B3
Mondorff **5**, D3/D4
Mondorf-les-Bains **5**, D3
Mongolie **25.1**, O2–P2
Monrovia **16.1**, J5
Mont **4**, B1
Montagnes Rocheuses **16.1**, D3–D4
Mont Blanc **17.1**, K3
Mont Dascian **17.1**, L5
Montenach **5**, D4
Monténégro **9.2**, G4
Mont Everest **17.1**, O4
Mont Kenya **17.1**, L5
Mont Kosciuszko **17.1**, R7
Montleban **4**, B1
Mont Narodnaïa **13.1**, J2/K2
Montpellier **12.1**, D4
Mont Saint Jean **5**, C4
Mont Saint Nicolas **4**, C2
Monts Cantabriques **12.1**, C4
Monts de Verkhoïansk **17.1**, Q2–R2
Monts du Pide **12.1**, F4–F5
Monts Iablonovy **17.1**, P3–Q3
Monts Ibériques **12.1**, C4
Monts Kunlun **17.1**, N4–P4
Monts Oural **13.1**, J2–K2
Monts Rhodope **12.1**, F4
Monts Stanovoï **17.1**, Q3
Monts Taurus **12–13.1**, F5–G5
Mont-St-Martin **5**, B3
Mont Vinson **16.1**, D9/E9
Morava **12.1**, F4
Morfontaine **5**, B4
Moscou **13.1**, G3
Moselle **12.1**, D3–D4
Mossoul **13.1**, H5
Mostaganem **12.1**, C5/D5
Mötsch **4**, E2
Moulouya **12.1**, C5
Mount McKinley ➡ Denali **16.1**, B2
Mourmansk **12.1**, G2
Moutfort **5**, D3
Moyenne montagnes d'Allemagne **12.1**, D3–E3
Mozambique **25.1**, L5–M5
Mühlbach **5**, C3
Mülbach **4**, D2
Mullendorf **5**, C3
Mullerthal **4**, D2
Mumbai **17.1**, N5
Munich **12.1**, E4
Munsbach **5**, C3/D3
Münschecker **5**, D3
Munshausen **4**, C1
Murcie **12.1**, C5
Mureș **12.1**, F4
Myanmar **25.1**, O3–P3
Mykolaïiv **12.1**, G4

N

Naberejnye Tchelny **13.1**, J3
Nachtmanderscheid **4**, C2
Nagem **4**, B2
Naltchik **13.1**, H4
Namib **17.1**, K6–K7
Namibie **25.1**, K5–L6
Nantes **12.1**, C4
Naples **12.1**, E4
Napoleonsgaart **4**, B2
Narew **12.1**, F3
Nattenheim **4**, E1
Nauru **25.1**, S5
Neidhausen **4**, C1
Nemunas **12.1**, F3
Nennig **5**, D3
Népal **25.1**, O3
Neuerburg **4**, D1
Neuhaeusgen **5**, C3
Neunhausen **4**, B2
Newcastle upon Tyne **12.1**, C3
New York **16.1**, F3/F4
Nicaragua **24.1**, E4–F4
Nice **12.1**, D4
Nicosie **13.1**, G5
Niederanven **5**, D3
Niederdonven **5**, D3
Niederfeulen **4**, C2
Niederhersdorf **4**, D1/E1
Niederkorn **5**, B3
Niederpallen **4–5**, B2
Niederprüm **4**, D1
Niederstedem **4**, D2
Niederüttfeld **4**, D1
Niederwampach **4**, B1
Niederweis **4**, D2
Niger **25.1**, K4
Niger **17.1**, K5
Nigéria **25.1**, K4
Nijni Novgorod **13.1**, H3
Nijni Taghil **13.1**, J3/K3
Nil **17.1**, L4
Nims **4**, D1
Nimshuscheid **4**, D1
Niomen **12.1**, F3
Nioué **24.1**, A5–A6
Nittel **5**, D3
Nocher **4**, B2
Noerdange **5**, B3
Noertrange **4**, B2
Noertzange **5**, C3
Nohn **5**, E4
Nommern **4**, C2
Normandie **12.1**, C4–D4
Norvège **9.2**, F2
Nospelt **5**, C3
Noteć **12.1**, E3
Nothomb **5**, B2
Nothum **4**, B2
Nouvelle-Calédonie **25.1**, R6–S6
Nouvelle-Calédonie **17.1**, R7–S7
Nouvelle-Guinée **17.1**, Q6–R6
Nouvelle-Zélande **25.1**, S6–S7
Nouvelle-Zélande **17.1**, S8–S7
Nouvelle-Zemble **17.1**, M2–N2
Noville **4**, B1
Novorossiisk **13.1**, G4
Novosibirsk **17.1**, O3
Nuremberg **12.1**, E4
Nusbaum **4**, D2

O

Ob **17.1**, N2
Obchtchi Syrt **13.1**, J3
Oberanven **5**, C3
Oberbillig **5**, E3
Oberdonven **5**, D3
Oberfeulen **4**, C2
Obergeckler **4**, D2
Oberkorn **5**, B3
Oberleuken **5**, D3
Oberpallen **5**, B3
Oberpierscheid **4**, D1
Oberwampach **4**, B1
Oberweiler **4**, D1
Oberweis **4**, D2
Océan Atlantique **16.1**, G4–J6
Océan Glacial Arctique **16–17.1**, F1–P1
Océan Indien **17.1**, N6–O6
Océan Pacifique **17.1**, R4–T6
Oder **12.1**, E3
Odessa **12.1**, G4
Oesling **4**, B2–C2
Oetrange **5**, C3/D3
Oka **13.1**, G3
Öland **12.1**, E3
Olingen **5**, D3
Olm **5**, B3/C3
Olmscheid **4**, C1
Olsdorf **4**, D2
Olt **12.1**, F4
Olympe **12.1**, F4
Oman **25.1**, M4–N4
Onega **12.1**, G2
Onsdorf **5**, D3
Openthalt **4**, C2
Oral **13.1**, J3
Oran **12.1**, C5
Orel **13.1**, G3
Orenbourg **13.1**, J3
Orlenbach **4**, D1
Orscholz **5**, E3
Orsk **13.1**, J3
Oslo **12.1**, E2/E3
Ospern **4**, B2
Ostrava **12.1**, E4
Osweiler **4**, D2
Ottange **5**, B4/C4
Oudler **4**, C1
Oudrenne **5**, D4
Oued Djedi **12.1**, D5
Oued Drâa **12.1**, C5
Oued Saoura **12.1**, C5
Oufa **13.1**, J3
Ouganda **25.1**, L4
Oujda **12.1**, C5
Oukhta **13.1**, J2
Oulianovsk **13.1**, H3
Our **4**, C1
Oural **17.1**, M2–M3
Oural **13.1**, J3
Ouralsk ➡ Oral **13.1**, J3
Ouren **4**, C1
Ourthe **4**, B1
Ourthe Orientale **4**, B1
Oussa **13.1**, J2
Ouzbékistan **25.1**, M2–N2

P

Pafebierg **5**, D2
Pakistan **25.1**, N3
Palaos **25.1**, Q4
Palerme **12.1**, E5
Palma **12.1**, D5
Palmyra **24.1**, A4
Palzem **5**, D3
Pampas **16.1**, F7
Panama **24.1**, E4–F4
Panama **16.1**, E5/F5
Papouasie-Nouvelle-Guinée **25.1**, R5
Paraguay **24.1**, F6–G6
Paraná **16.1**, G7
Pareca Vela **25.1**, Q3–Q4
Parette **4**, B2
Paris **12.1**, D4
Pas de Calais **12.1**, D3
Patagonie **16.1**, F7–F8
Pays-Bas **9.2**, F3
Pays de Galles **12.1**, C3
Peffingen **4**, D2
Peïpous ➡ Lac des Tchoudes **12.1**, F3
Pékin ➡ Beijing **17.1**, P3/P4
Péloponnèse **12.1**, F5
Péninsule de Kanine **13.1**, H2
Péninsule de Kola **12.1**, G2–H2
Péninsule de Taïmyr **17.1**, O2–P2
Penza **13.1**, H3
Peppange **5**, C3
Perl **5**, D4
Perlé **4**, B2
Perm **13.1**, J3
Pérou **24.1**, F5
Perth **17.1**, P7
Pervoouralsk **13.1**, J3/K3
Pétange **5**, B3
Petchora **13.1**, J2
Petit Alföld **12.1**, E4
Petit-Nobressart **4**, B2
Petrozavodsk **12.1**, G2
Pettingen **4**, C2
Philippines **25.1**, Q4
Philippines **17.1**, P5–Q5
Pic d'Orizaba ➡ Citlaltépetl **16.1**, E5
Pintsch **4**, C2
Pissange **5**, B3/C3
Pittenbach **4**, D1
Piz Bernina **12.1**, D4
Plaine australienne **17.1**, Q7–R7
Plaine d'Allemagne du Nord **12.1**, D3–E3
Plaine de Russie septentrionale **13.1**, H2–J2
Plaine de Sibérie occidentale **13.1**, K2–K3
Plaine du Pô **12.1**, D4–E4
Plateau Central de Russie **12–13.1**, G3
Plateau d'Anatolie **12–13.1**, G4–G5
Plateau de Castille **12.1**, C4–C5
Plateau de Chine du Sud **17.1**, P4–Q4
Plateau de la Volga **13.1**, H4–H3
Plateau de Volhynie-Podolie **12.1**, F3–F4
Plateau d'Iran **17.1**, M4
Plateau du Brésil **16.1**, G6
Plateau du Donets **13.1**, G4–H4
Plateau du Tibet **17.1**, O4
Plateau du Valdaï **12.1**, G3
Plateau Lacustre de Finlande **12.1**, F2
Platen **4**, B2
Plovdiv **12.1**, F4
Plütscheid **4**, D1
Pô **12.1**, E4
Podgorica **12.1**, E4
Point Barrow **16.1**, A2/B2